机器人技术应用

竞赛项目训练教程

主编　过　磊　蒋洪平

国防工业出版社

·北京·

内 容 简 介

本书主要采用项目教学法,以全国职业院校技能大赛机器人ZKRT-300为学习平台,主要介绍机器人技术应用知识。全书共有5个典型项目,分别为初识机器人ZKRT-300、机器人ZKRT-300的安装、机器人ZKRT-300的调试、机器人ZKRT-300的控制和机器人ZKRT-300的维护。项目循序渐进,通过项目的描述、目标、实施、评价、总结、拓展和巩固等形式,读者可以熟练掌握机器人技术应用。

本书既可以作为职业院校机电类专业机器人方面的教材,也可以作为职业院校技能大赛机器人技术应用赛项训练指导用书,还可以作为从事机器人安装、调试、编程、技术服务等广大工程技术人员的自学参考书。

图书在版编目(CIP)数据

机器人技术应用:竞赛项目训练教程/ 过磊,蒋洪平主编.
—北京:国防工业出版社,2014.6
ISBN 978-7-118-09449-7

Ⅰ. ①机... Ⅱ. ①过... ②蒋... Ⅲ. ①机器人技术-教材 Ⅳ. ①TP24

中国版本图书馆CIP数据核字(2014)第124807号

※

国防工业出版社出版发行

(北京市海淀区紫竹院南路23号 邮政编码100048)
北京奥鑫印刷厂印刷
新华书店经售

*

开本787×1092 1/16 印张11½ 字数243千字
2014年6月第1版第1次印刷 印数1—4000册 定价28.00元

(本书如有印装错误,我社负责调换)

国防书店:(010)88540777   发行邮购:(010)88540776
发行传真:(010)88540755   发行业务:(010)88540717

前　言

机器人(技术)正处于一个蓬勃发展的阶段,逐步实现了实用化和商品化,它在工业、农业、国防、航空航天、医疗卫生及生活服务等许多领域获得越来越多的应用。机器人是典型的机电一体化产品,融合了机械特别是精密机械技术、以微电子技术为主导的新兴电子技术、计算机控制技术、精确检测与传感技术等。随着机器人产业化的加大,企业迫切需要熟悉机器人技术,能够胜任机器人安装、调试、编程、操作等工种的工程技术人员,本书作者希望为他们提供一本入门的书。

本书基于项目式教学法,通过5个典型的循序渐进的项目,以职业院校技能大赛机器人技术应用赛项训练平台机器人 ZKRT-300 为例,介绍了机器人技术应用方面知识。项目具体包括初识机器人 ZKRT-300、机器人 ZKRT-300 的安装、机器人 ZKRT-300 的调试、机器人 ZKRT-300 的控制和机器人 ZKRT-300 的维护。

本书的特点是:①以就业为导向,以大赛为指引,以机器人相关岗位技能为基本依据,将职业院校机器人技术应用赛项资源课程化;②围绕"以能力为本位、以项目课程为主体、以职业实践为主线的模块化课程体系"这一课程改革理念;③项目通过描述、目标、实施、评价、总结、拓展和巩固等形式,意在引导学生明确学习目的、掌握知识与技能、增加团队协作意识,逐步提高生产实际中的分析问题、解决问题能力,形成核心职业竞争力。

本书既可以作为职业院校机电类专业机器人方面的教学用书,也可以作为职业院校技能大赛机器人技术应用赛项训练指导用书,还可以作为从事机器人安装、调试、编程、技术服务等广大工程技术人员的学习参考书。

本书由长期从事机器人技术研究和具有丰富实践教学经验的过磊、蒋洪平担任主编,姚炜担任副主编。项目1、项目3、项目4 由过磊执笔,项目5 由蒋洪平执笔,项目2 由姚炜执笔,全书由过磊统稿。蒋洪平审定了全稿,并在全书的策划、审阅、定稿的全过程中给予了很大的指导和帮助。本书在编写过程中得到了无锡职业技术学院机器人研究所许弋、王海荣老师的许多支持和帮助,也得到了北京中科远洋科技有限公司的大力支持,在此一并致谢。另外,无锡机电高等职业技术学校机器人实训室指导老师顾德祥以及在训的学生团队也对本书成册做出了许多贡献,在此表示衷心的感谢。

由于作者水平有限,书中还会有不少缺点和错误,欢迎读者批评指正。作者邮箱:guolei0729@126.com,欢迎您提出宝贵意见和建议,谢谢。

编　者

目　录

项目1　初识机器人 ZKRT－300

1.1　项目描述

本项目主要介绍机器人基本知识,以全国职业院校技能大赛"机器人技术应用"赛项竞赛平台 ZKRT－300 机器人为例,学习机器人的技术参数和基本组成。

1.2　项目目标

1.2.1　知识目标

(1) 了解机器人常见的机械传动方式、传感器类型和电机控制方法。

(2) 理解机器人自由度、精度、工作空间、最大工作速度、承载能力等主要技术参数内涵。

(3) 掌握机器人系统三大组成部分(机械部分、传感部分、控制部分),以及各部分工作方式及相互关系。

1.2.2　技能目标

(1) 能在生产或生活实践中,读懂机器人技术参数。

(2) 能在技术参数中,实际掌握机器人工作能力及操作性能。

(3) 能在形形色色的机器人中,划分机器人系统三大组成部分。

(4) 能在分组任务学习过程中,锻炼团队协作能力。

(5) 会分析实验数据,填写任务报告。

1.3　项目实施

学习任务1　机器人的技术参数

【任务描述】

本任务主要学习机器人技术参数,以及在读懂技术参数的基础上掌握机器人工作能力与操作性能。

【任务实施】

1. 自由度

自由度(Degree of Freedom)或者称坐标轴数,是指机器人所具有的独立坐标轴运动的数目,不包括末端操作器的开合自由度,如手指的开、合,手指关节的自由度一般不包括在内。机器人的一个自由度对应一个关节,所以自由度与关节的概念是一样的。自由度是表示机器人动作灵活程度的参数,自由度越多越灵活,但结构也越复杂,控制难度越大,所以机器人的自由度要根据其用途设计,一般在 3 ~ 6 个之间。图 1 - 1 所示为 ZKRT - 300 机器人的 3 个自由度。

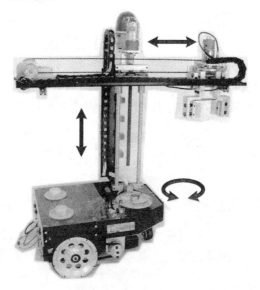

图 1 - 1　ZKRT - 300 机器人自由度

如果机器人自由度在 6 个以上,则称为冗余自由度。利用冗余自由度可以增加机器人的灵活性、躲避障碍物能力和改善动力性能。人的手臂(大臂、小臂、手腕)共有 7 个自由度,所以工作起来很灵巧,手部可回避障碍而从不同方向到达同一个目的点。

2. 精度

机器人精度(Accuracy)包括定位精度和重复定位精度两个指标。定位精度是指机器人末端操作器的实际位置与目标位置之间的偏差,如图 1 - 2 所示。重复定位精度是指在相同环境、条件、动作(或指令)下,机器人连续重复运动若干次时,其位置的分散情况,是关于精度的统计数据。图 1 - 3 为机器人定位精度和重复精度的典型情况:(a)为重复定位精度的测定;(b)为合理定位精度,良好重复定位精度;(c)为良好定位精度,很差重复定位精度;(d)为很差定位精度,良好重复定位精度。

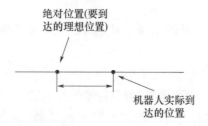

图 1 - 2　机器人定位精度

3. 工作空间

工作空间(Working Space)表示机器人的工作范围,是指机器人手臂末端或手腕中心

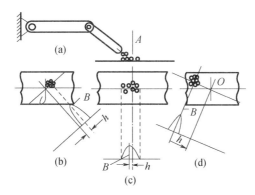

图 1-3 机器人定位精度和重复精度的典型情况

(不包括末端操作器)所能到达的所有点的集合,也称为工作区域。因为末端操作器的形状和尺寸是多种多样的,为了真实反映机器人的特征参数,所以工作空间是指不安装末端操作器时的工作区域。工作空间的形状和大小十分重要,机器人在执行某作业时可能会因为存在手部不能到达的作业死区(Dead Zone)而不能完成任务。图 1-4 为 PUMA 机器人的工作空间。

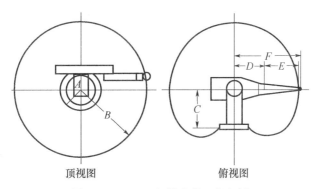

图 1-4 PUMA 机器人的工作空间

4. 最大工作速度

最大工作速度(Maximum Speed)和加速度是表明机器人运动特性的主要指标,机器人生产厂家不同,其所指的最大工作速度也不同,有些厂家指机器人主要自由度上的最大稳定速度,有些厂家指手臂末端最大的合成速度,通常都会在技术参数中加以说明。最大工作速度越高,工作效率越高,但是,工作速度越高就要花费更多时间加速或减速,对机器人的加速度要求就更高,所以考虑机器人运动特性时,除了要注意最大稳定速度外,还应注意其最大允许的加减速度。

5. 承载能力

承载能力(Payload)是指机器人在工作范围内的任何位姿上所能承受的最大质量。机器人的承载能力不仅取决于负载的质量,还与机器人运行的速度和加速度的大小和方向有关。为了安全起见,承载能力是指高速运行时的承载能力。通常,承载能力不仅要考虑负载,而且还要考虑机器人末端操作器的质量。

6. ZKRT-300 机器人技术参数

ZKRT-300 机器人的技术参数如表 1-1 所示。

表 1－1　ZKRT－300 机器人技术参数

技术参数	参数值
最大外形尺寸	650mm×360mm×650mm
底盘尺寸	365mm×280mm×140mm
手爪行程	30mm
升降行程	230mm
平移行程	430mm
回转角度	90°/次
回转精度	±3′
手爪抓取方式	上下移动、平行夹紧
最大抓取物尺寸	≤Φ80 mm
额定抓取重量	0.5kg
最大载重	6kg
直线运行速度	Max0.5m/s
纵向白条定位精度	±3mm
自动导引传感器	8 路光学循迹传感器
电池组工作电压	DC 24 V,续航 1h
充电方式	外置充电器
最大噪声	≤ 65 dB

学习任务 2　机器人的基本组成

【任务描述】

本任务主要学习机器人 ZKRT－300 的三个组成部分:机械部分、传感部分和控制部分。

【任务实施】

1. 机械部分

机器人 ZKRT－300 机械结构如图 1－5 所示,可分为手爪部件、水平部件、升降部件、回转部件和底盘部件五大部分。五个机械组成部件作用与原理分述如下。

1)手爪部件

机器人 ZKRT－300 手爪部件如图 1－6 所示,工作时由手爪部件中的 V 形块夹持工件,将工件搬离存放区,放至机器人货物存放台上,或直接放到目标工位上。手爪部件内有 24V 直流驱动电机(DJ1)、双曲线槽凸轮机构、手指连接板、手指平移导杆、接近开关等零部件。图 1－7 为双曲线槽凸轮,该机构有良好的对中性,夹紧方便可靠。

手爪工作时,直流电机 DJ1 正转(面向轴端,逆时针转动),带动双曲线槽凸轮逆时针转动,左右两侧手指平移滑块在手指平移导杆上通过顶端导杆在双曲线槽内相向运动,因 V 形块通过手指连接板固定在手指平移滑块上,故 V 形块跟着滑块做相向运动,即 V 形块夹紧。同理,DJ1 反转通过机械传动,最后成 V 形块相背运动,即 V 形块松开。夹紧和松开的到位信号则由接近开关接收,用以控制 DJ1 的启停。

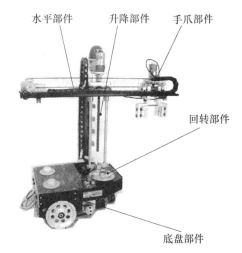

图1-5 机器人 ZKRT – 300 机械结构图

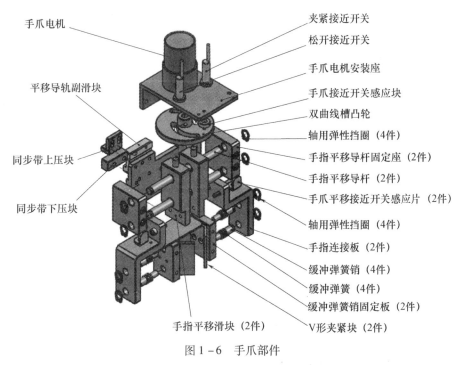

图1-6 手爪部件

图1-7 双曲线槽凸轮

2）水平部件

机器人 ZKRT-300 水平部件如图 1-8 所示，工作时平移同步带做逆时针或顺时针转动，将手爪部件压在同步带上，则手爪跟随同步带做前后平移。水平部件内有 24V 直流电机（DJ2）、平移同步带、平移同步带带轮、平移直线导轨副等零部件。图 1-9 为平移直线导轨副，滑块通过滚珠与导轨接触，有摩擦小、运行速度高、噪声低、行程长等优点。

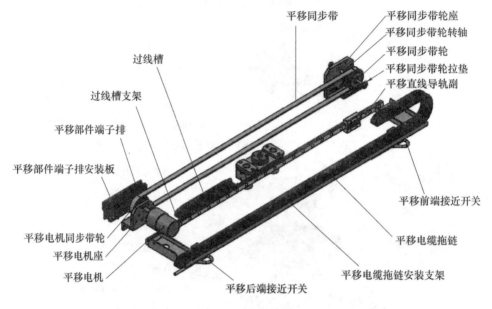

图 1-8　水平部件

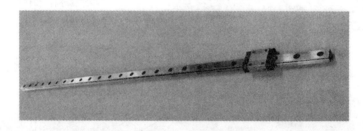

图 1-9　平移直线导轨副

水平部件工作时，直流电机 DJ2 正转（面向轴端，道时针转动）带动同步带逆时针转动。手爪部件安装在平行直线导轨滑块上，并通过上下压块固定在同步带上，同步带逆时针转动，则带动手爪部件在平移直线导轨上做前平移（向从动轮端平移），即实现了手爪的平移功能。同理，DJ2 反转通过同步带传动，最后成手爪后平移（向电机端平移）。前后平移到位信号由接近开关接收，用以控制 DJ2 的启停。为增加机器人负载能力，传动带采用同步齿形带形式。

3）升降部件

机器人 ZKRT-300 升降部件如图 1-10 所示，工作时升降滑块在丝杠上做上升、下降动作，将水平部件安装在升降滑块上，则水平支架带动安装在上面的手爪跟着滑块做上升、下降动作，即实现了手爪的升降功能。升降部件内有 24V 直流电机（DJ3）、弹性联轴器、丝杠、升降滑块、升降导杆、直线轴承、上下固定块等零部件。图 1-11 为传动丝杠,可以将回转运动转变为直线运动,丝杠和升降滑块因为是螺纹连接,故带有自锁功能。

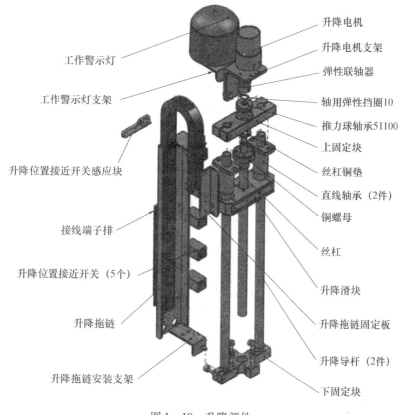

图 1 - 10　升降部件

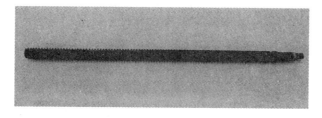

图 1 - 11　传动丝杠

升降部件工作时,直流电机 DJ3 正转(面向轴端,逆时针转动),通过弹性联轴器带动丝杠逆时针转动。水平部件固定安装在升降滑块上,丝杠逆时针转动带动升降滑块做上升运动,为增加机器人负载和平衡,丝杠两侧有两根升降导杆(光杆)。同理,DJ3 反转丝杠顺时针回转,通过升降滑块最后带动水平部件整体做下降运动。升降支架上安装了 5 个位置的接近开关,用于检测机器人 5 个不同高度位置,增加机器人活动空间。

4)回转部件

机器人 ZKRT - 300 回转部件如图 1 - 12 所示,工作时拨盘回转,通过拨销带动槽轮机构回转,每次动作回转 90°,可连续回转两次实现 180°回转。整个升降部件(带水平与手爪部件)通过下固定块与槽轮连接,槽轮回转则整个支架回转,即实现手爪回转功能。

回转部件内有24V直流电机、拨盘、拨销、槽轮等零部件。图1-13为槽轮机构,可实现高精度回转定位。

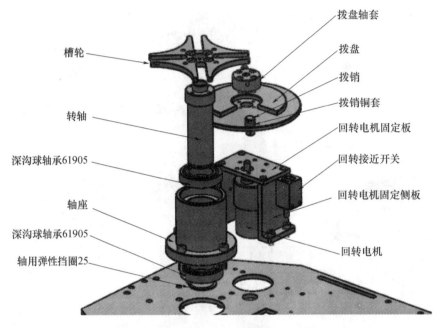

图1-12　回转部件

图1-13　槽轮

回转部件工作时,直流电机DJ4正转(面向轴端,逆时针转动),拨盘逆时针回转,每转一圈通过拨销拨动槽轮顺时针回转90°,由于整个升降部件(带水平与手爪部件)与槽轮固定,故槽轮回转即整个支架回转。同理,DJ4反转,支架逆时针回转90°。同样,回转部件中的回转到位信号由回转接近开关接收,用以控制DJ4的启停。

5)底盘部件

机器人ZKRT-300底盘部件如图1-14所示,底板下有两只24V直流电机(行走电机),控制底盘前后左右运动。同时底盘也是个承载体,所有回转、升降、水平、手爪这些部件都安装于上,另外圆柱物料(或工件)通过手爪抓放最后也将放在底盘上平板上。

2.传感部分

机器人传感部分由一系列传感器组成,其作用是获取机器人内部和外部环境信息,并把这些信息反馈给控制系统。内部状态传感器用于检测各关节的位置、速度等变量,

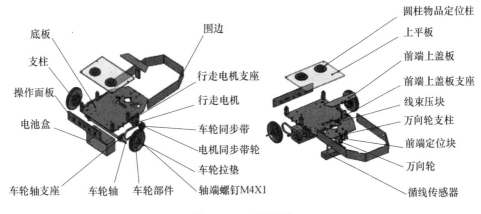

图 1 – 14   底盘部件

为闭环控制系统提供反馈信息。外部状态传感器用于检测机器人与周围环境之间的一些状态变量,如距离、接近程度和接触情况等,用于引导机器人,便于其识别物体并做出相应处理。外部传感器可使机器人以灵活的方式对它所处的环境做出反应,赋予机器人以一定的智能,该部分的作用相当于人的五官。

ZKRT – 300 机器人采用开环控制系统,故只有外部状态传感器。机器人身上所有的传感器可以分成两类:接近传感器和循线传感器。

1)接近传感器

机器人 ZKRT – 300 接近传感器分布如图 1 – 15 所示,共有 10 个,编号从 S01 到 S10,都是用于检测距离的红外传感器,也称红外接近开关,其作用见表 1 – 2。

表 1 – 2   机器人 ZKRT – 300 接近传感器编号与作用

部件名称	传感器编号	作用
手爪部件	S01	手爪松开到位(停止)信号
	S02	手爪夹紧到位(停止)信号
水平部件	S03	前平移到位(停止)信号
	S04	后平移到位(停止)信号
升降部件	S05 ~ S09	从上往下,升降位置 1 到位置 5 的到位(停止)信号
回转部件	S10	回转到位(停止)信号

2)循线传感器

机器人 ZKRT – 300 循线传感器如图 1 – 16 所示,安装在机器人底部,共 8 路,可以可靠地探测到地面白条以及白条的十字交叉点。其工作原理是传感器光源发射部分通过 8 个高亮 LED 发射管发射,对应位置上再用 8 个光敏电阻接收地面反射回来的光线,输出插座连接传感器信号处理板的循线传感器输入接口,经过一系列放大、比较处理后过滤掉地面背景放射信号,指示当前某路传感器是否在地面白条上。

3. 控制部分

机器人 ZKRT – 300 控制系统由 8 路循线传感器、传感器信号处理板、主控制板、电机驱动板组成。组成框图如图 1 – 17 所示。

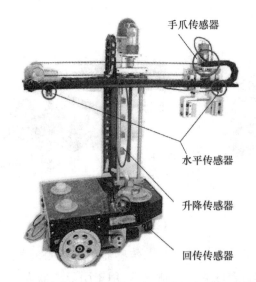

图 1 - 15   机器人 ZKRT - 300 接近传感器分布

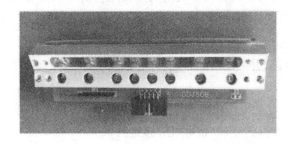

图 1 - 16   机器人 ZKRT - 300 循线传感器

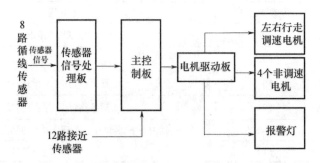

图 1 -17   机器人 ZKRT - 300 控制系统组成框图

1）主控制板

主控制板是机器人的大脑,承担着信息接收、处理、外部设备控制的重要任务。主控制板中处理器选用了 STC12C5A60S2 芯片为主控芯片,控制板支持两大类输入,即 8 通道专用循线传感器输入和 12 个接近传感器输入(实际只是用了 10 个);输出也是支持 2 大类,即可调速行走电机控制输出和不可调速上肢功能电机(DJ1 - DJ4)控制输出。主控制板实物如图 1 -18 所示,图中 12V 电源输入插座接 12V 电源,循线传感器输入接口用于连接传感器信号处理板,左右车轮电机接口连接行走电机输出接口,程序下载口用于程序的在线下载,非调速电机输出接口用于上肢四个功能电机的控制,10 通道接近开关输

10

入接口连接 S01 ~ S10 共 10 个接近传感器。

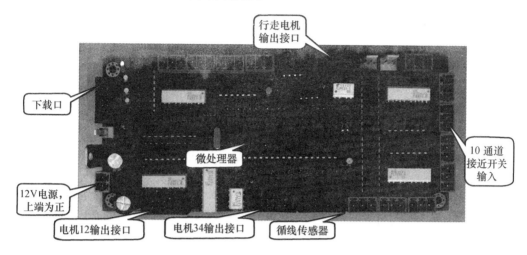

图 1－18　主控制板实物图

2）传感器信号处理板

传感器信号处理板实物如图 1－19 所示。图中，循线传感器输入接口连接安装在机器人平台底部的 8 路循线传感器；信号输出接口连接单片机控制板，电源插座接 12V 电源，注意板子上电源正极标志，切勿插反。8 路循线传感器将采集到的地面白条信息送入电路板，对于采集的信息先进行放大处理，放大后的信号跟标准电压比较(8V 左右)，保留白条反射的有效信号，过滤掉地面背景反射信号，有效信号再通过稳压、反向、放大处理后送入主控制板，同时利用发光二极管的亮暗指示当前某路传感器是否在地面白条上。

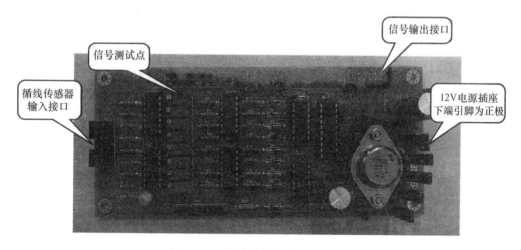

图 1－19　传感器信号处理板实物图

3）电机驱动板

电机驱动板接收主控制板发来的电机 PWM 脉宽调制信号和方向信号，驱动机器人平台上的 2 个 24V 直流减速电机。利用 PWM 信号占空比的不同，来控制电机的不同转速；利用方向信号，控制直流电机的正反转，从而实现机器人平台的前进、后退和转弯。

电机驱动板实物如图 1-20 所示。控制信号插座连接主控制板,24V 电源插座接 24V 电源,左右电机输出插座接左右电机。

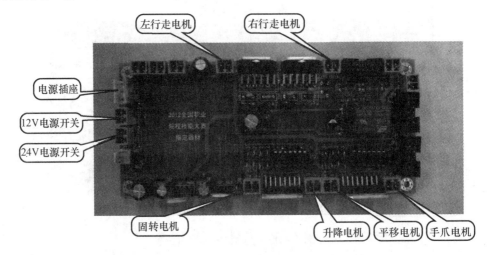

图 1-20 电机驱动板实物图

1.4 项目评价

项目评价见表 1-3。

表 1-3 项目评价表

项目名称		项目 1 初识机器人 ZKRT-300		分值	得分
评价方式	评价模块	评价内容		分值	得分
自评 40%	学习能力	逐一对照项目知识目标,根据实际掌握情况打分		10	
	动手能力	逐一对照项目技能目标,根据实际掌握情况打分		10	
	协作能力	在分组任务学习过程中,自己的团队协作能力		10	
	完成情况	学习任务 1 完成程度		5	
		学习任务 2 完成程度		5	
组评 30%	组内贡献	组内测评个人在小组任务学习过程中的贡献值		10	
	团队协作	组内测评个人在小组任务学习过程中的协作程度		10	
	技能掌握	对照项目技能目标,组内测评个人掌握程度		10	
师评 30%	学习态度	个人在项目学习过程中,参与的积极性		10	
	知识构建	个人在项目学习过程中,知识、技能掌握情况		10	
	创新能力	个人在项目学习过程中,表现出的创新思维、动作、语言等		10	
学生姓名		小组编号		总分	100

1.5 项目总结

通过本项目的学习,学生可以熟练掌握以下内容:

（1）机器人的主要技术参数。

（2）机器人的基本组成分机械、传感、控制三大部分。

（3）机器人 ZKRT – 300 技术参数与组成原理。

1.6　项 目 拓 展

1.6.1　何谓机器人

并非只是在工业自动化生产线、太空探测、高科技实验室、科幻小说或电影里面才有机器人，现实生活中机器人无处不在，它在人们的生活中起着重要的作用，并已经完全融入了人们的生活。

在我们身边活跃着各种类型的机器人，但不是每个机电产品都属于机器人，不能把看到的每一个自动化装置都叫做机器人。虽然机器人已经问世几十年，到目前为止却还没有一个统一、严格、准确的定义。其原因之一是机器人还在迅速发展，新的机型不断涌现，机器人可实现的功能不断增加，究其根本原因是机器人涉及了"人"的概念，这就使什么是机器人成为一个难以回答的哲学问题。

我国科学家对机器人的定义是：机器人是一种自动化的机器，所不同的是这种机器具备一些与人或生物相似的智能能力，如感知能力、规划能力、动作能力和协同能力，是一种具有高度灵活性的自动化机器。

一般说来，机器人应具有以下三大特征：

（1）拟人性。机器人是模仿人或动物肢体动作的机器，能像人那样使用工具，正因为此数控机床和汽车不是机器人。

（2）可编程。机器人具有智力或具有感觉与识别能力，可随工作环境变化的需要而再编程。一般的电动玩具没有感觉和识别能力，不能再编程，因此也不能称为真正的机器人。

（3）通用性。一般机器人在执行不同作业任务时，具有较好的通用性。比如，通过更换机器人末端操作器（如手爪）便可执行不同的任务。

1.6.2　何谓工业机器人

所谓工业机器人就是面向工业领域的多关节机械手或多自由度机器人。但这是一个笼统的概念，而具体的标准，不同的国家或组织对工业机器人定义也不尽相同，暂无定论。

美国机器人协会（RIA）的定义：工业机器人是"一种用于移动各种材料、零部件、工具或专用装置的，通过程序化的动作来执行各种任务，并具有编程能力的多功能操作机"。

国际标准化组织（ISO）的定义："机器人是一种自动的、位置可控的、具有编程能力的多功能操作机。这种操作机具有多个轴，能够借助可编程操作来处理各种材料、零部件、工具和专用装置，以执行各种任务"。

日本工业机器人协会的定义："工业机器人是在三维空间具有类似人体上肢动作机能及结构,并能完成复杂空间动作的、多自由度的自动机械"。

中国机械工业部(1986)的定义："工业机器人是一种能自动定位、可重复编程的多功能、多自由度的操作机。它能搬运材料、零件或夹持工具,用以完成各种作业"。

1.7 项目巩固

1.7.1 选择题

1. ZKRT－300 机器人的行走电机是_____。

A 步进电机　　B 普通直流电机　　C 直流伺服电机　　D 交流伺服电机

2. 一台直流电机的转速为3000r/min,配上一个减速比为1:20 的减速箱,则实际转速为_____。

A 100 r/min　　B 200 r/min　　C 150 r/min　　D 300 r/min

3. ZKRT－300 机器人共使用了____个直流电机。

A 4　　B 5　　C 6　　D 7

4. ZKRT－300 机器人共使用了____个传感器。

A 8　　B 9　　C 10　　D 12

5. ZKRT－300 机器人具有____个自由度。

A 2　　B 3　　C 4　　D 5

6. 机器人在循线中,向右偏离中央,可以采取____方法使之回到中央。

A 右轮加速,左轮减速　　　　　B 右轮减速,左轮加速
C 左右轮转速不变　　　　　　D 左右轮反转

7. 机器人需要右转90°,____操作使之转弯半径最小。

A 右轮比左轮快,转向不变　　　　B 右轮转向不变,左轮反转
C 左轮转向不变,右轮反转　　　　D 左轮比右轮快,转向不变

8. ZKRT－300 机器人回转机构采用_____方式传动。

A 槽轮机构　　B 凸轮机构　　C 齿轮机构　　　　D 同步带

9. ZKRT－300 机器人升降机构采用_____方式传动。

A 普通丝杠　　B 滚珠丝杠　　C 光杆　　　　D 同步带

10. 下列____坐标系为机器人所采用。

A 关节坐标系　　B 直角坐标系　　C 圆柱坐标系　　D 以上都采用

1.7.2 判断题

1. (　　)ZKRT－300 机器人使用的是交流电源。

2. (　　)机器人的智能和人类的智能一样。

3. (　　)机器人使用的驱动装置主要是电力驱动装置。

4. (　　)机器人是具有手、脑、脚等三要素的个体。

5. (   )真正使机器人成为现实是 20 世纪工业机器人出现之后。

6. (   )我国机器人专家从应用环境出发,将机器人分为工业机器人和特种机器人两大类。

7. (   )在 ZKRT - 300 机器人 2 节电池串联的情况下,可以使用配套的 12V 充电器进行充电。

8. (   )ZKRT - 300 机器人的 2 个行走电机转速是可调的。

9. (   )ZKRT - 300 机器人上部机构的 4 个直流电机转速是可调的。

10. (   )ZKRT - 300 机器人手爪最大能抓取 5kg 重的圆柱形工件。

1.7.3   思考题

1. 请分别为机器人和工业机器人下个定义。

2. 机器人技术参数有哪些,各自定义是什么?

3. 试说明机器人的基本组成及各部分之间的关系。

4. ZKRT - 300 机器人全身包含了哪些机械传动方式?

5. ZKRT - 300 机器人共有几个电机以及各自功能是什么?

6. ZKRT - 300 机器人采用哪些类型传感器,共有多少个?

7. 试在 ZKRT - 300 机器人上演示其自由度。

8. 试画出 ZKRT - 300 机器人工作范围。

9. ZKRT - 300 机器人主控制板上微处理器型号是什么?

10. 试简要叙述 ZKRT - 300 机器人动作原理。

项目 2　机器人 ZKRT－300 的安装

2.1　项 目 描 述

本项目主要介绍机器人 ZKRT－300 的安装,包括安装前的准备工作,装配工艺安排,安装过程介绍以及安装过程中的注意事项。机器人 ZKRT－300 安装可以分解为手爪部件安装、平移部件安装、升降部件安装、回转部件安装、底盘部件安装和机器人总装 6 个部分。

2.2　项 目 目 标

2.2.1　知识目标

(1) 了解机械设备拆装规程与注意事项。

(2) 熟悉机器人 ZKRT－300 零部件名称、特点以及安装中使用的各种工具。

(3) 理解机器人 ZKRT－300 手爪部件、平移部件、升降部件、回转部件和底盘部件工作原理及特点。

(4) 掌握机器人 ZKRT－300 的安装方法。

2.2.2　技能目标

(1) 能熟练使用常见工具、量具、仪器,如内六角扳手、游标卡尺、电压表、电焊台等。

(2) 会排机器人装配工艺表。

(3) 能按装配工艺表要求熟练安装机器人 ZKRT－300,并举一反三。

(4) 能遵守安全操作规程,紧张有序工作(或学习)。

(5) 在分组分任务安装过程中,锻炼团队协作能力。

(6) 会分析安装过程中出现的问题,及时有效处理。

2.3　项 目 实 施

学习任务 1　手爪部件安装

【任务描述】

本任务主要学习如何按装配工艺表正确有序的安装机器人 ZKRT－300 的手爪部件,

熟练使用工量具和简单仪器,并熟悉手爪每个零部件名称与作用。

【任务实施】

1. 准备工作

1) 零部件准备

手爪零部件名称、数量及实物图如表 2 - 1 所示。

表 2 - 1　手爪零部件

序号	名称	数量	实物图
1	手爪电机安装座	1	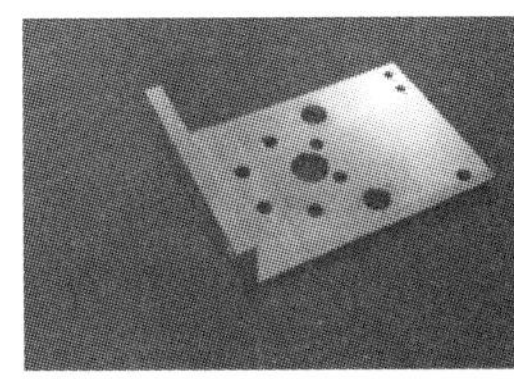
2	手爪电机 DJ1	1	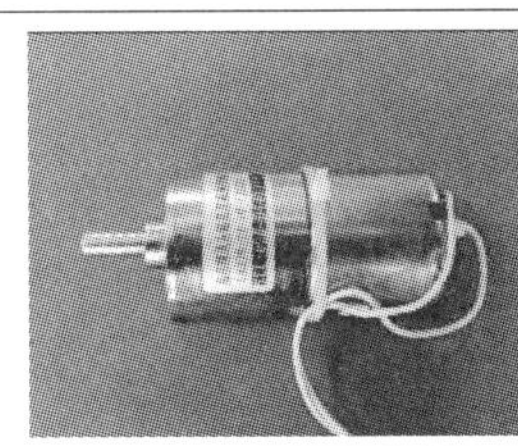
3	夹紧松开接近开关 S01/S02	2	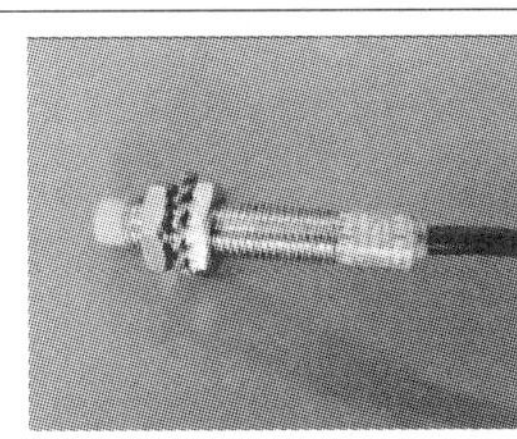
4	手爪接近开关感应块	1	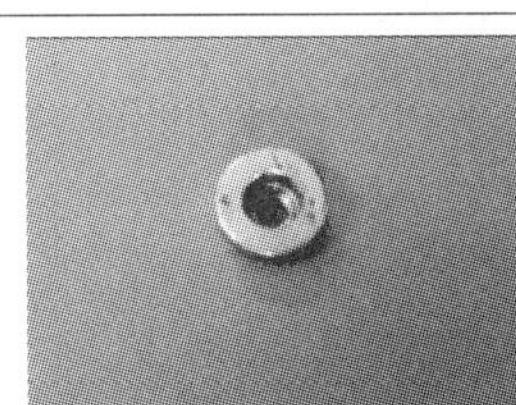
5	双曲线槽凸轮	1	
6	手指平移导杆固定座	2	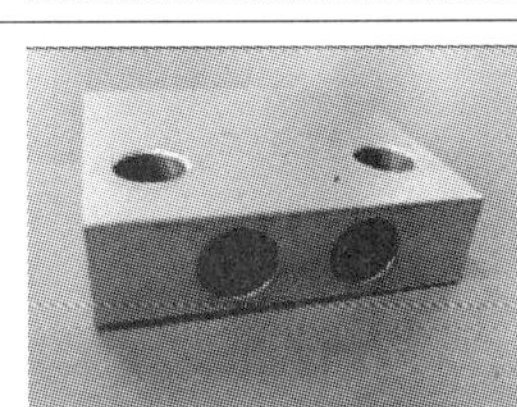

（续）

序号	名称	数量	实物图
7	手爪连接基板	1	
8	同步带下压块	1	
9	同步带上压块	1	
10	手指平移滑块	2	
11	缓冲弹簧销	4	
12	手爪挡板	1	
13	缓冲弹簧销固定板	2	

（续）

序号	名称	数量	实物图
14	V 形夹紧块	2	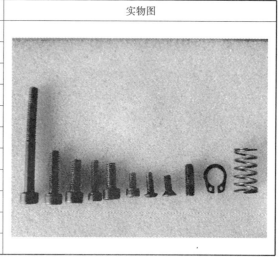
15	手指平移导杆	2	
16	手爪平移接近开关感应片	2	
17	手指连接板	2	

2）连接件与其他

手爪部件连接螺钉、弹簧、挡圈等一系列标准与非标准件名称、数量及实物如表 2 - 2 所示。

表 2 - 2　手爪连接件与其他

序号	名称（从左至右）	数量	实物图
1	$M4 \times 40$ 圆柱头内六角螺钉	4	
2	$M4 \times 16$ 圆柱头内六角螺钉	4	
3	$M4 \times 12$ 圆柱头内六角螺钉	2	
4	$M3 \times 12$ 圆柱头内六角螺钉	4	
5	$M4 \times 10$ 圆柱头内六角螺钉	4	
6	$M3 \times 6$ 圆柱头内六角螺钉	1	
7	$M3 \times 8$ 圆头内六角螺钉	4	
8	$M3 \times 6$ 沉头内六角螺钉	4	
9	$M4 \times 12$ 内六角螺塞	4	
10	轴用弹性挡圈	8	
11	弹簧	4	

3）工具准备

手爪部件安装过程中使用的工具如表2－3所示。

表2－3　手爪安装工具

序号	名称	数量	实物图
1	内六角扳手	1	
2	轴用卡簧钳	1	
3	12号呆扳手	1	

2. 装配工艺

手爪部件装配工艺卡见表2－4。

表2－4　手爪部件装配工艺卡

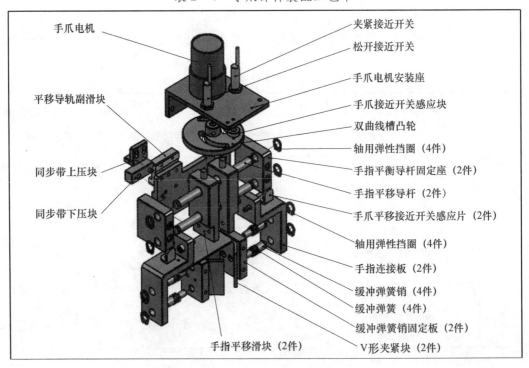

手爪电机　　　　　　　　　　　　夹紧接近开关

　　　　　　　　　　　　　　　　松开接近开关

平移导轨副滑块　　　　　　　　　手爪电机安装座

　　　　　　　　　　　　　　　　手爪接近开关感应块

　　　　　　　　　　　　　　　　双曲线槽凸轮

　　　　　　　　　　　　　　　　轴用弹性挡圈（4件）

同步带上压块　　　　　　　　　　手指平衡导杆固定座（2件）

　　　　　　　　　　　　　　　　手指平移导杆（2件）

同步带下压块　　　　　　　　　　手爪平移接近开关感应片（2件）

　　　　　　　　　　　　　　　　轴用弹性挡圈（4件）

　　　　　　　　　　　　　　　　手指连接板（2件）

　　　　　　　　　　　　　　　　缓冲弹簧销（4件）

　　　　　　　　　　　　　　　　缓冲弹簧（4件）

　　　　　　　　　　　　　　　　缓冲弹簧销固定板（2件）

手指平移滑块（2件）　　　　　　V形夹紧块（2件）

（续）

序号	零件名称	工序内容	工具	备注
1	手指平移导杆固定座	手指平移导杆固定座与手爪基板固定在一起;将手爪平移接近开关感应片与手指平移导杆固定座连接在一起	内六角扳手	
2	手爪挡板	将手爪挡板安装到左侧的手指连接板上	内六角扳手	
3	V 形夹紧块	将 V 形夹紧块安装到缓冲弹簧销固定板上	内六角扳手	
4	手指连接板	将轴用弹簧挡圈与缓冲弹簧销连接后,将缓冲弹簧、缓冲弹簧销、缓冲弹簧销固定板和手指连接板固定在一起	内六角扳手	
5	手指平移滑块连接	将手指连接板和手指平移滑块连接在一起	内六角扳手	
6	手指平移导杆	将左侧的手指平移导杆与轴用弹性挡圈连接;将手指平移导杆、手指平移导杆固定座和手指平移滑块装配在一起,将右侧弹性挡圈装上	轴用卡簧钳	
7	手爪电机	将 DJ1 与手爪电机安装座固定在一起	内六角扳手	
8	接近开关	将夹紧接近开关和松开接近开关安装在手爪电机安装座上	12 号呆扳手	
9	接近开关感应块	将手爪接近开关感应块与双曲线槽凸轮连接起来	内六角扳手	
10	双曲线槽凸轮	预连接双曲线槽凸轮与 DJ1 轴（DJ1 为手爪电机）的销钉连接在一起;将 DJ1 的轴与双曲线槽凸轮连接在一起;将手爪电机安装座与手爪基板安装在一起,注意凸轮槽位置	内六角扳手	

3. 安装过程

（1）将手指平移导杆固定座与手爪基板固定在一起(螺纹预紧),如图 2－1 所示。

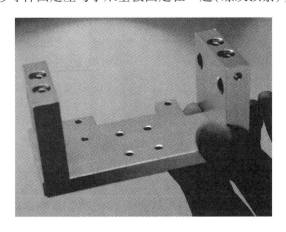

图 2－1　手指平移导杆连接

（2）将手爪平移接近开关感应片与手指平移导杆固定座连接在一起,如图 2－2 所示。

（3）将手爪挡板安装到左侧的手指连接板上,如图 2－3 所示。

（4）将 V 形夹紧块安装到缓冲弹簧销固定板上,需要操作两次,因为手爪有左右 2 块

图2-2　手指平移接近开关感应片连接

图2-3　手爪挡板固定

V形夹紧块,如图2-4所示。

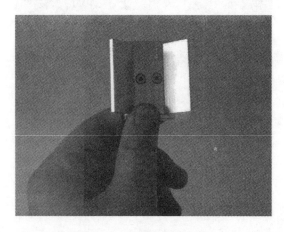

图2-4　V形夹紧块安装

（5）先将轴用弹簧挡圈与缓冲弹簧销连接后,再将缓冲弹簧、缓冲弹簧销、缓冲弹簧销固定板和手指连接板固定在一起,如图2-5所示,此步同样需要操作两次。

图 2 - 5　缓冲弹簧、弹簧销及弹簧销固定板安装

（6）将手指连接板和手指平移滑块连接在一起,如图 2 - 6 所示。

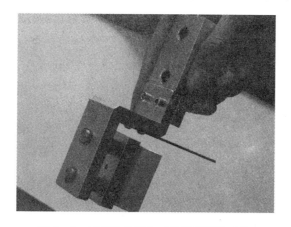

图 2 - 6　手指连接板与手指平移滑块连接

（7）将左侧的手指平移导杆与轴用弹性挡圈连接,如图 2 - 7 所示。

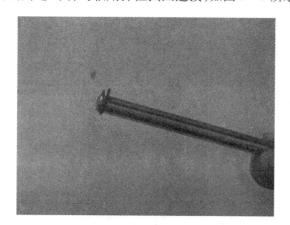

图 2 - 7　手指平移导杆端侧弹性挡圈安装

（8）先将手指平移导杆、手指平移导杆固定座和手指平移滑块装配在一起,然后将右侧弹性挡圈装上(注意左右及正反),如图 2 - 8 所示。

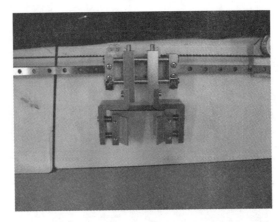

图 2-8　手指平移导杆、手指平移导杆固定座及手指平移滑块安装

（9）将手爪电机（DJ1）与手爪电机安装座固定在一起，注意电机的偏心，如图 2-9所示。

图 2-9　手爪电机固定

（10）将夹紧接近传感器（也称接近开关）和松开接近传感器（或接近开关）安装在手爪电机安装座上。注意：左 SO1，右 SO2，如图 2-10 所示。

图 2-10　接近传感器安装

（11）将手爪接近开关感应块与双曲线槽凸轮连接起来,如图 2 - 11 所示。

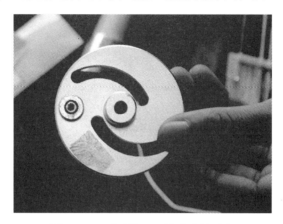

图 2 - 11　手爪接近开关感应块固定

（12）预连接双曲线槽凸轮与 DJ1 轴(DJ1 为手爪电机)的固定螺钉,如图 2 - 12 所示。

图 2 - 12　手爪电机紧定螺钉预紧

（13）将 DJ1 轴与双曲线槽凸轮连接在一起。注意要锁死连接螺钉,如图 2 - 13 所示。

图 2 - 13　手爪电机轴安装

（14）将手爪电机安装座与手爪基板安装在一起，注意凸轮槽位置，如图2-14所示。

图2-14　手爪电机安装座与手指基板连接

4. 安装注意事项

（1）所有螺钉是否紧固。

（2）螺钉按对角方式先预紧后拧紧，用力大小合适。

（3）过盈配合、相对运动的零部件装配前需上油润滑。

（4）装配过程不能损坏零件表面质量。

（5）零件装配符合规范。

（6）按照工艺文件要求进行装配，注意安装顺序。

（7）严格执行安全操作规程。

学习任务2　平移部件安装

【任务描述】

本任务主要学习如何按装配工艺表正确有序的安装机器人 ZKRT - 300 的平移部件，熟练使用工量具和简单仪器，并熟悉平移部件中每个零部件名称与作用。

【任务实施】

1. 准备工作

1）零件准备

平移零部件名称、数量及实物图如表2-5所示。

表2-5　平移零部件

序号	名称	数量	实物图
1	平移电缆拖链安装支架	1	

（续）

序号	名称	数量	实物图
2	平移前端/后端接近开关	2	
3	平移电缆拖链	1	
4	平移电机 DJ2	1	
5	平移电机座	1	
6	平移电机同步带轮	1	
7	平移部件端子排安装板	1	
8	平移部件端子排	1	
9	过线槽支架	1	

（续）

序号	名称	数量	实物图
10	过线槽	1	
11	平移直线导轨副	1	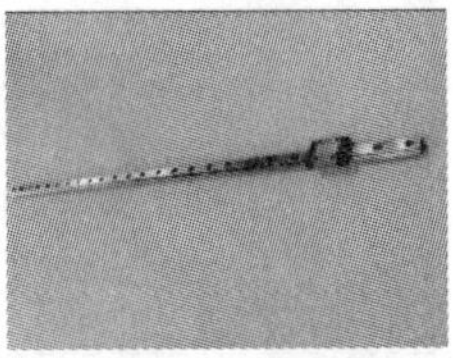
12	平移电机同步带	1	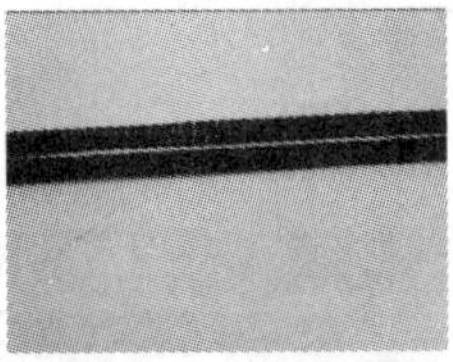
13	平移同步带轮座	1	
14	平移同步带轮转轴	1	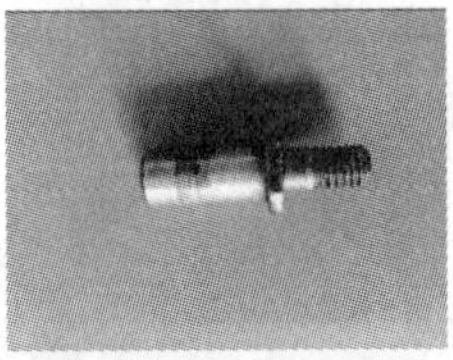
15	平移同步带轮	1	
16	平移同步带轮拉垫	1	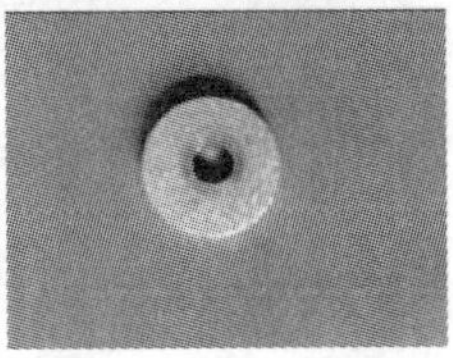

2）连接件与其他

平移部件连接螺钉、螺母、垫圈等一系列标准与非标准件名称、数量及实物如表2-6所示。

表 2 - 6　平移连接件与其他

序号	名称(从左至右,从上往下)	数量	实物图
1	$M3 \times 20$ 圆柱头内六角螺钉	2	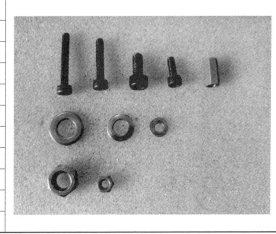
2	$M3 \times 16$ 圆柱头内六角螺钉	6	
3	$M4 \times 10$ 圆柱头内六角螺钉	2	
4	$M3 \times 8$ 圆柱头内六角螺钉	20	
5	$\phi3 \times 10$ 铜套	4	
6	$\phi6$ 垫圈	1	
7	$\phi4$ 垫圈	1	
8	$\phi3$ 垫圈	4	
9	$M6$ 螺母	1	
10	$M3$ 螺母	8	
11	$M5 \times 8$ 内六角螺塞(图略)	1	

3) 工具准备

平移部件安装过程中使用的工具、耗材如表 2 - 7 所示。

表 2 - 7　平移部件安装工具与耗材

序号	名称	数量	实物图
1	内六角扳手	1	
2	螺丝刀	1	
3	普通剪刀	1	
4	10 号呆扳手	1	
5	5 号呆扳手	1	

（续）

序号	名称	数量	实物图
6	绝缘胶带	1	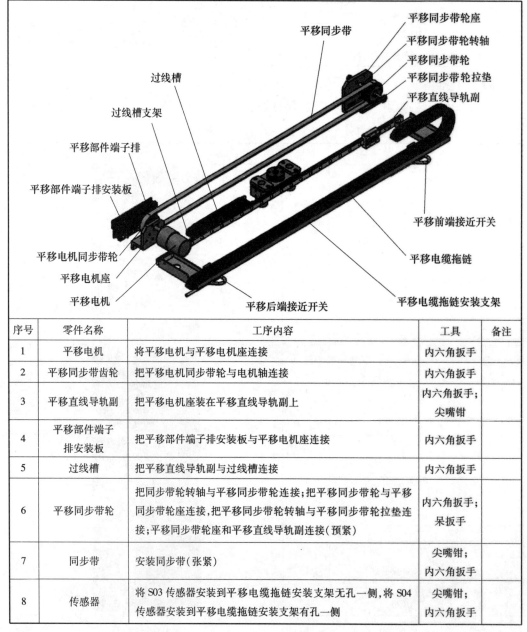

2. 装配工艺

平移部件装配工艺卡见表2-8。

表2-8 平移部件装配工艺卡

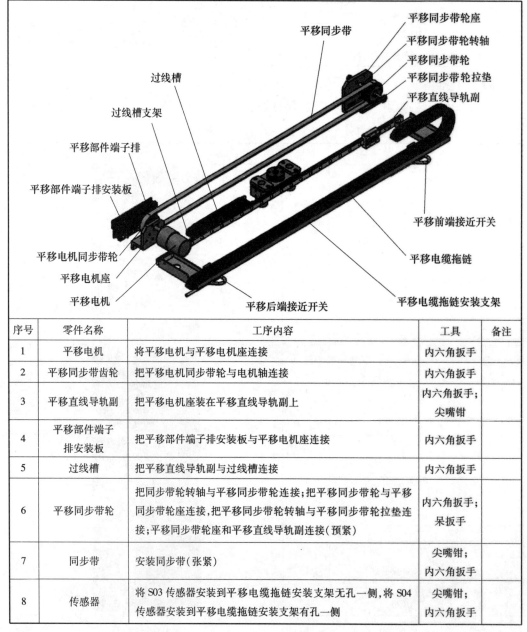

序号	零件名称	工序内容	工具	备注
1	平移电机	将平移电机与平移电机座连接	内六角扳手	
2	平移同步带齿轮	把平移电机同步带轮与电机轴连接	内六角扳手	
3	平移直线导轨副	把平移电机座装在平移直线导轨副上	内六角扳手；尖嘴钳	
4	平移部件端子排安装板	把平移部件端子排安装板与平移电机座连接	内六角扳手	
5	过线槽	把平移直线导轨副与过线槽连接	内六角扳手	
6	平移同步带轮	把同步带轮转轴与平移同步带轮连接；把平移同步带轮与平移同步带轮座连接，把平移同步带轮转轴与平移同步带轮拉垫连接；平移同步带轮座和平移直线导轨副连接（预紧）	内六角扳手；呆扳手	
7	同步带	安装同步带（张紧）	尖嘴钳；内六角扳手	
8	传感器	将 S03 传感器安装到平移电缆拖链安装支架无孔一侧，将 S04 传感器安装到平移电缆拖链安装支架有孔一侧	尖嘴钳；内六角扳手	

3. 安装过程

（1）连接平移电机与平移电机座,注意平移电机有偏心,如图 2 - 15 所示。

图 2 - 15　平移电机安装

（2）将平移电机同步带轮安装在平移电机(DJ2)轴上,拧紧紧定螺钉,如图 2 - 16 所示。

图 2 - 16　平移电机同步带轮安装

（3）把平移电机座装到平移直线导轨副上,如图 2 - 17 所示。

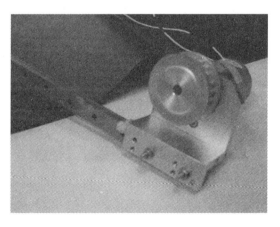

图 2 - 17　平移电机座安装

（4）连接平移部件端子排安装板与平移电机座，如图 2 – 18 所示。

图 2 – 18　平移部件端子排安装板与平移电机座连接

（5）连接过线槽与平移直线导轨副，如图 2 – 19 所示。

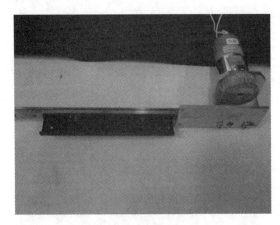

图 2 – 19　过线槽安装

（6）连接同步带轮转轴与平移同步带轮，如图 2 – 20 所示。

图 2 – 20　同步带轮转轴与平移同步带轮连接

（7）连接平移同步带轮与平移同步带轮座，将平移同步带轮转轴与平移同步带轮拉垫连接在一起，如图 2 – 21 所示。

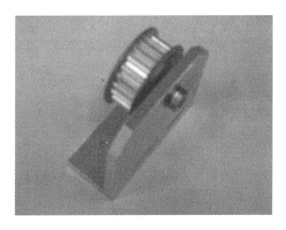

图 2 － 21 平移同步带轮安装

（8）平移同步带轮座和平移直线导轨副预连接,螺母不要拧死,平移同步带轮座可移动,如图 2 － 22 所示。

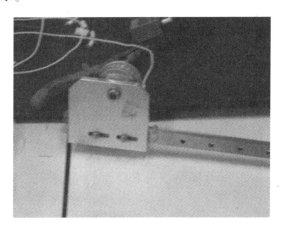

图 2 － 22 平移同步带轮座与平移直线导轨副预连接

（9）安装平移同步带,并张紧,通过平移同步带轮座调节张紧程度,如图 2 － 23 所示。

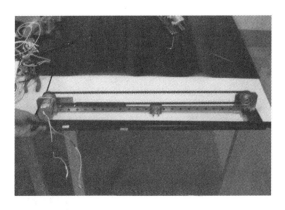

图 2 － 23 平移同步带安装

（10）将 S03 传感器安装到平移电缆拖链安装支架无孔一侧,将 S04 传感器安装到平移电缆侧。完成平移部件安装,如图2-24所示。

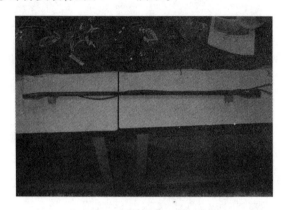

图2-24 平移传感器安装

4. 安装注意事项

(1) 所有螺钉是否紧固。

(2) 螺钉按对角方式先预紧后拧紧,用力大小合适。

(3) 过盈配合、相对运动的零部件装配前需上油润滑。

(4) 装配过程不能损坏零件表面质量。

(5) 零件装配符合规范。

(6) 按照工艺文件要求进行装配,注意安装顺序。

(7) 严格执行安全操作规程。

学习任务3　升降部件安装

【任务描述】

本任务主要学习如何按装配工艺表正确有序的安装机器人ZKRT-300的升降部件,熟练使用工量具和简单仪器,并熟悉升降部件中每个零部件名称与作用。

【任务实施】

1. 准备工作

1) 零件准备

升降零部件名称、数量及实物图如表2-9所示。

表2-9　升降零部件

序号	名称	数量	实物图
1	工作警示灯	1	

（续）

序号	名称	数量	实物图
2	工作警示灯支架	1	
3	升降电机	1	
4	弹性联轴器	1	
5	升降位置接近开光感应块	1	
6	接线端子排	1	
7	升降位置接近开关	5	
8	升降拖链	2	
9	升降拖链安装支架	1	

（续）

序号	名称	数量	实物图
10	推力球轴承	1	
11	上固定块	1	
12	丝杠铜垫	1	
13	直线轴承	2	
14	铜螺母	1	
15	丝杠	1	
16	升降滑块	1	
17	升降拖链固定板	1	

（续）

序号	名称	数量	实物图
18	升降导杆	2	
19	下固定块	1	

2）连接件与其他

升降部件连接螺钉、螺母、挡圈等一系列标准与非标准件名称、数量及实物如表 2－10 所示。

表 2－10　升降连接件与其他

序号	名称（从左至右，从上往下）	数量	实物图
1	$M5 \times 18$ 圆柱头内六角螺钉	4	
2	$M3 \times 20$ 圆柱头内六角螺钉	10	
3	$M4 \times 16$ 圆柱头内六角螺钉	4	
4	$M5 \times 10$ 圆柱头内六角螺钉	2	
5	$M4 \times 10$ 圆柱头内六角螺钉	8	
6	$M4 \times 8$ 圆柱头内六角螺钉	4	
7	$M3 \times 8$ 圆柱头内六角螺钉	8	
8	$M4$ 螺母	3	
9	$\phi5$ 垫圈	2	
10	$\phi4$ 垫圈	7	
11	$\phi9$ 轴用弹性挡圈	1 个	
12	$M4 \times 4$ 内六角螺塞（图略）	4	

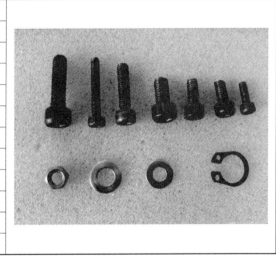

3）工具准备

升降部件安装过程中使用的工具、耗材如表 2－11 所示。

表 2－11　升降部件安装工具与耗材

序号	名称（从左）	数量	实物图
1	内六角扳手	1	

（续）

序号	名称	数量	实物图
2	轴用卡簧钳	1	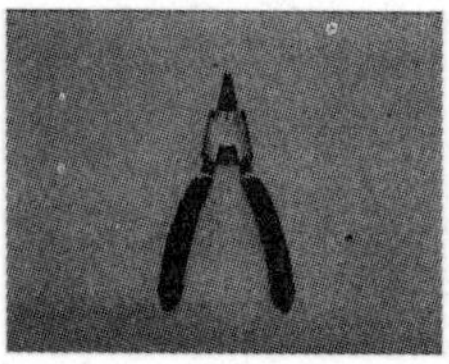
3	8 号呆扳手	1	
4	剪刀	1	
5	螺丝刀(3.0×75mm)	1	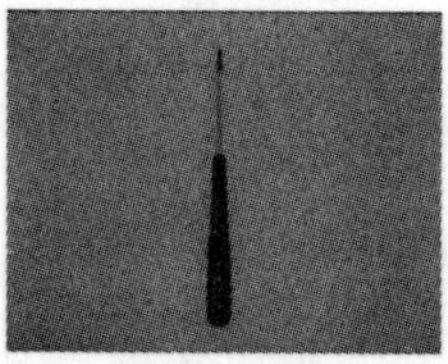
6	橡皮锤	1	
7	绝缘胶带	1	

2. 装配工艺

升降部件装配工艺卡见表 2 - 12。

表 2 － 12　升降部件装配工艺卡

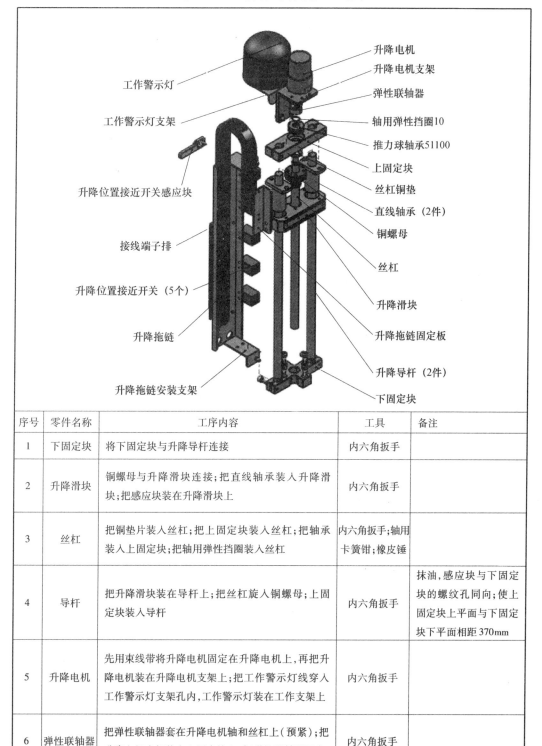

序号	零件名称	工序内容	工具	备注
1	下固定块	将下固定块与升降导杆连接	内六角扳手	
2	升降滑块	铜螺母与升降滑块连接;把直线轴承装入升降滑块;把感应块装在升降滑块上	内六角扳手	
3	丝杠	把铜垫片装入丝杠;把上固定块装入丝杠;把轴承装入上固定块;把轴用弹性挡圈装入丝杠	内六角扳手;轴用卡簧钳;橡皮锤	
4	导杆	把升降滑块装在导杆上;把丝杠旋入铜螺母;上固定块装入导杆	内六角扳手	抹油,感应块与下固定块的螺纹孔同向;使上固定块上平面与下固定块下平面相距370mm
5	升降电机	先用束线带将升降电机固定在升降电机上,再把升降电机装在升降电机支架上;把工作警示灯线穿入工作警示灯支架孔内,工作警示灯装在工作支架上	内六角扳手	
6	弹性联轴器	把弹性联轴器套在升降电机轴和丝杠上(预紧);把升降电机支架装在上固定块上;把弹性联轴器固定	内六角扳手	
7	升降传感器	把五个传感器(自左向右 S05～S09)装在支架上。	内六角扳手	

（续）

序号	零件名称	工序内容	工具	备注
8	坦克链	把线穿入坦克链(S01 S02 S03 S04 GND ＋12V DJ1 ＋ DJ1 － DJ2 ＋ DJ2 － 共10根)；把坦克链上端固定在升降拖链固定板上；将升降拖链固定板装在升降滑块上，把下端固定在升降拖链安装支架上，再把线穿入支架右孔	内六角扳手	
9	接线	把升降电机线和警示灯线及5个传感器线绕在一起；将上步组线与右孔穿入的组线同时压在长端子排右侧，并完成接线	一字起	

3. 安装过程

（1）连接下固定块与升降导杆，注意导杆端面与下固定块端面平齐，如图2－25所示。

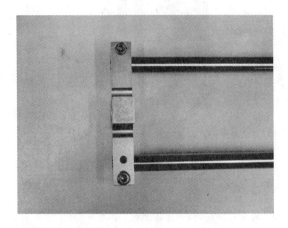

图2－25　下升降导杆安装

（2）铜螺母与升降滑块连接，如图2－26所示。

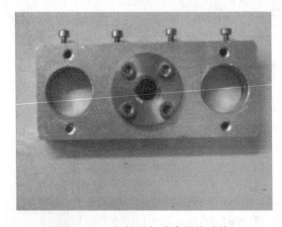

图2－26　铜螺母与升降滑块连接

（3）将直线轴承装入升降滑块，如图2－27所示。

（4）把感应块装在升降滑块上，预紧，如图2－28所示。

图 2-27　直线导轨安装

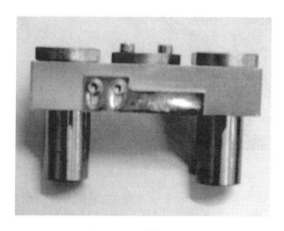

图 2-28　感应块预紧

（5）把铜垫片安装到丝杠上。

（6）把轴承装入上固定块,用橡皮锤轻轻敲击。

（7）将丝杠一头（带凹槽侧）穿过轴承内孔,直至透出凹槽为止。

（8）用轴用卡簧钳将弹性挡圈卡入丝杠凹槽内,手动回转数周,无卡阻则继续,如图 2-29 所示。

图 2-29　升降丝杠安装

（9）把升降滑块装在导杆上（抹油）,感应块与下固定块的螺纹孔同向。

（10）把丝杠旋入铜螺母,上固定块装入导杆（确保上固定块上平面与下固定块下平面相距 370mm）,如图 2-30 所示。

（11）先用束线带将升降电机固定在升降电机上,再把升降电机装在升降电机支架

图 2 - 30　上固定块安装

上，如图 2 - 31 所示。

图 2 - 31　升降电机安装

（12）把工作警示灯支架装在升降电机支架上，并把升降电机线（DJ3 - 、DJ3 + ）穿入工作警示灯支架孔内。

（13）把工作警示灯线穿入工作警示灯支架孔内，再把工作警示灯装在工作警示灯支架上，如图 2 - 32 所示。

图 2 - 32　工作警示灯安装

（14）把弹性联轴器套在升降电机轴和丝杠上，预紧，然后把升降电机支架安装在上固定块上，电机座需与上固定块平齐，最后固定弹性联轴器，如图 2 - 33 所示。

（15）把 5 个传感器（自左向右 S05 ~ S09）装在支架上，把坦克链上端固定在升降拖

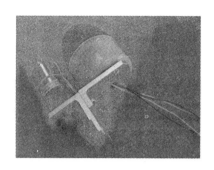

图 2 - 33　升降电机支架安装

链固定板上,如图 2 - 34 所示。

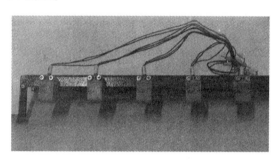

图 2 - 34　升降传感器安装

（16）将线穿入坦克链（S01、S02、S03、S04、GND、+12V、DJ1 +、DJ1 -、DJ2 +、DJ2 -，共 10 根）,如图 2 - 36 所示。

图 2 - 35　穿线示意图

（17）把坦克链上端固定在升降拖链固定板上。

（18）将升降拖链固定板装在升降滑块上,把下端固定在升降拖链安装支架上,再把线穿入支架右孔,如图 2 - 36 所示。

图 2 - 36　升降拖链固定板安装

（19）把升降电机线和警示灯线及5个传感器线绕在一起,如图2-37所示。

图2-37　缠绕管绕线示意图

（20）将上步组线与右孔穿入的组线同时压在长端子排右侧,拧紧紧定螺钉,完成升降端子排右侧接线,如图2-38所示。

图2-38　升降端子排右侧接线完成图

（21）完成升降部件安装,如图2-39所示。

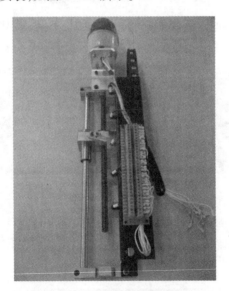

图2-39　升降部件安装完成图

4. 安装注意事项

（1）所有螺钉是否紧固。

（2）螺钉按对角方式先预紧后拧紧,用力大小合适。

（3）过盈配合、相对运动的零部件装配前需上油润滑。

（4）装配过程不能损坏零件表面质量。

（5）零件装配符合规范。

（6）按照工艺文件要求进行装配,注意安装顺序。

（7）严格执行安全操作规程。

学习任务4　回转部件安装

【任务描述】

本任务主要学习如何按装配工艺表正确有序地安装机器人 ZKRT－300 的回转部件,熟练使用工量具和简单仪器,并熟悉回转部件中每个零部件名称与作用。

【任务实施】

1. 准备工作

1）零件准备

回转零部件名称、数量及实物图如表 2－13 所示。

表 2－13　回转零部件

序号	名称	数量	实物图
1	轴用弹性挡圈 25	1	见表 2－14
2 4	深沟球轴承 61905	2	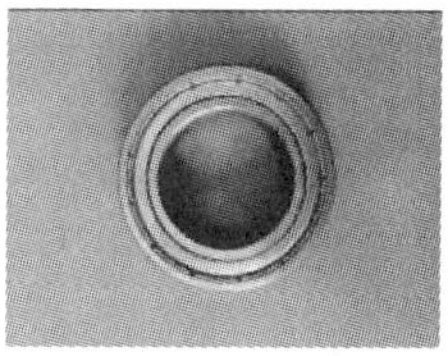
3	轴座	1	
5	转轴	1	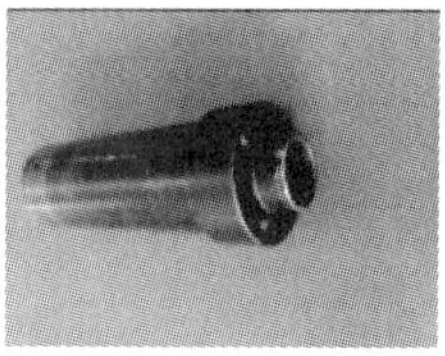
6	槽轮	1	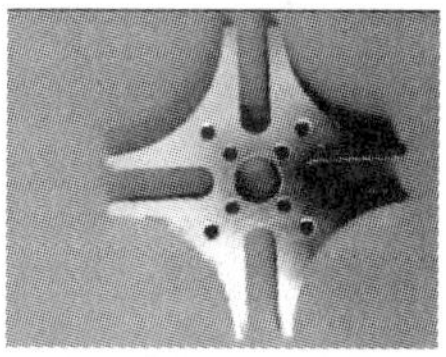
7	拨盘轴套	1	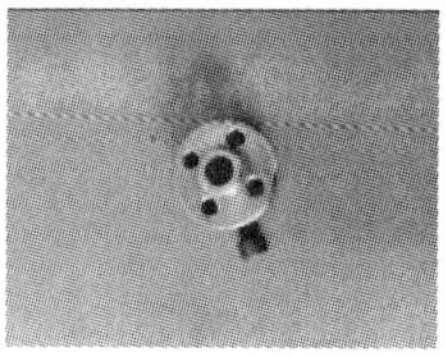

45

（续）

序号	名称	数量	实物图
8	拨盘	1	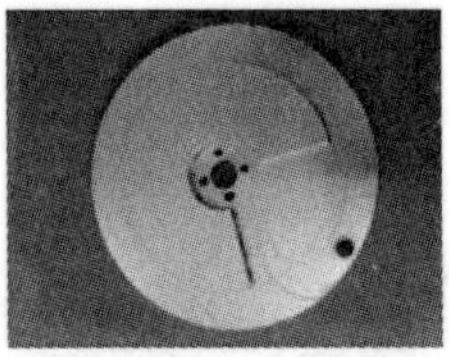
9	拨销	1	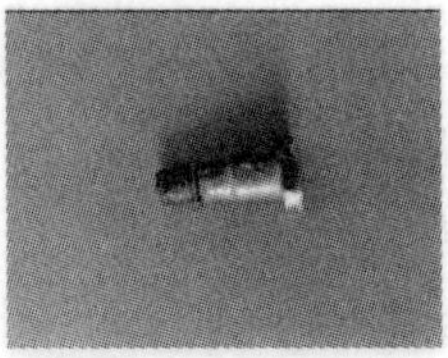
10	拨销铜套	2	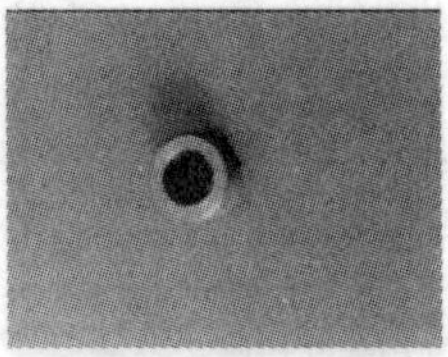
11	回转电机固定侧板	2	
12	回转接近开关	1	
13	回转电机固定板	1	
14	回转电机	1	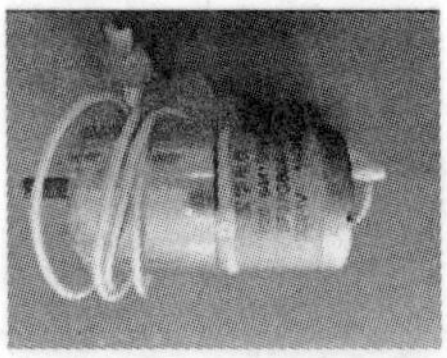

2）连接件与其他

回转部件连接螺钉、螺母、挡圈等一系列标准与非标准件名称、数量及实物如表 2 - 14 所示。

表 2－14　回转连接件与其他

序号	名称(从左至右,从上往下)	数量	实物图
1	M3×25 圆柱头内六角螺钉	2	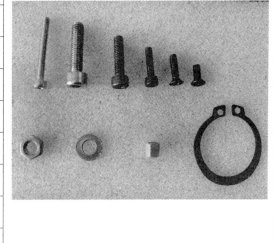
2	M5×25 圆柱头内六角螺钉	4	
3	M4×16 圆柱头内六角螺钉	4	
4	M3×12 圆柱头内六角螺钉	4	
5	M3×10 沉头内六角螺钉	4	
6	M3×6 沉头内六角螺钉	4	
7	M5 螺母	4	
8	ϕ5 垫圈	8	
9	ϕ3×5 铜套	2	
10	ϕ23 轴用弹性挡圈	1	

3) 工具准备

回转部件安装过程中使用的工具如表 2－15 所示。

表 2－15　回转部件安装工具

序号	名称	数量	实物图
1	内六角扳手	1	
2	轴用卡簧钳	1	
3	10 号呆扳手	1	

2. 装配工艺

回转部件装配工艺卡见表 2－16。

表 2 – 16　回转部件装配工艺卡

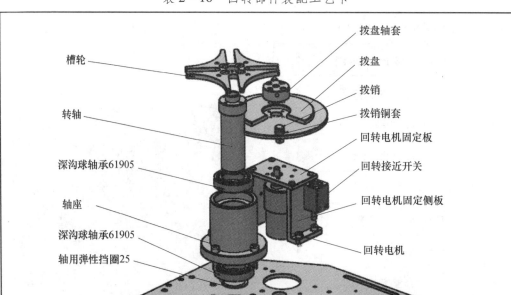

序号	零件名称	工序内容	工具	备注
1	回转电机	安装回转电机固定板和回转电机侧板；将电机装在回转电机固定板上	内六角扳手	
2	拨盘	将轴套装在拨盘上紧定螺钉孔与槽口反向；把拨销和铜套装在拨盘上	内六角扳手	
3	回转轴座	将轴承装入轴座；将轴装入轴承座并用轴用卡簧垫片限位	内六角扳手；轴用卡簧钳	
4	回转机构	将电机座固定在底板上；将拨盘装入回转电机上；把线穿入槽轮并将槽轮固定在轴座上，并使拨盘与之紧贴配合	内六角扳手	
5	回转传感器	将传感器 S10 装在回转电机座侧板上并固定插线	内六角扳手	

3. 安装过程

（1）安装回转电机固定板和回转电机侧板。

（2）将电机装在回转电机固定板上，如图 2 – 40 所示。

图 2 – 40　回转电机安装

48

（3）将轴套装在拨盘上,紧定螺钉孔与槽口反向,再把拨销和铜套装在拨盘上,如图 2－41 所示。

图 2－41 轴套与拨销的安装

（4）将轴承装入轴座,可使用橡皮锤轻轻敲击,如图 2－42 所示。

图 2－42 回转轴承安装

（5）将转轴装入轴承座并用轴用卡簧垫片限位,如图 2－43 所示。

图 2－43 转轴安装

（6）将轴承座固定在底盘上，如图2-44所示。

图2-44 轴承座固定

（7）将回转电机座安装在底盘上，并将回转传感器安装在电机侧板上，如图2-45所示。

图2-45 回转电机座及回转传感器安装

（8）将拨盘和槽轮分别安装在电机轴上和轴装上，如图2-46所示。

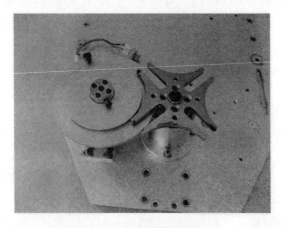

图2-46 拨盘与槽轮的安装

（9）推动电机座使拨盘与槽轮之间的间隙达到最小,并紧固电机座,如图 2 - 47 所示。

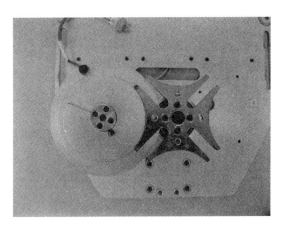

图 2 - 47　回转间隙调整示意图

（10）完成回转部件安装,如图 2 - 48 所示。

图 2 - 48　回转部件安装完成图

4. 安装注意事项

（1）所有螺钉是否紧固。

（2）螺钉按对角方式先预紧后拧紧,用力大小合适。

（3）过盈配合、相对运动的零部件装配前需上油润滑。

（4）装配过程不能损坏零件表面质量。

（5）零件装配符合规范。

（6）按照工艺文件要求进行装配,注意安装顺序。

（7）严格执行安全操作规程。

学习任务 5　底盘部件安装

【任务描述】

本任务主要学习如何按装配工艺表正确有序的安装机器人 ZKRT - 300 的底盘部件,

熟练使用工量具和简单仪器,并熟悉底盘部件中每个零部件名称与作用。

【任务实施】

1. 准备工作

1) 零件准备

底盘零部件名称、数量及实物图如表 2-17 所示。

表 2-17 底盘零部件

序号	名称	数量	实物图
1	底板	1	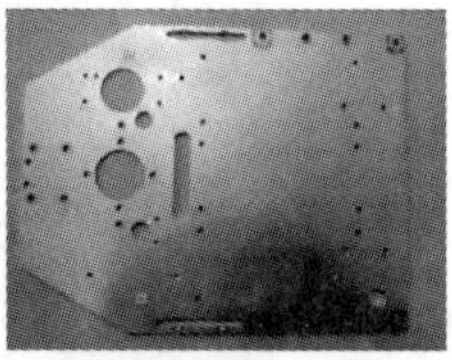
2	底板支柱	4	
3	操作面板	1	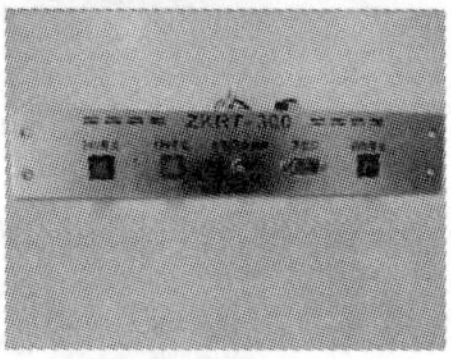
4	电池盒	1	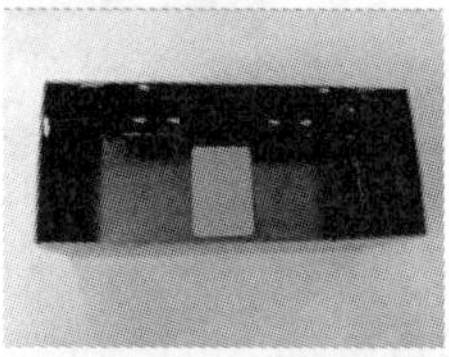
5	车轮轴支座	2	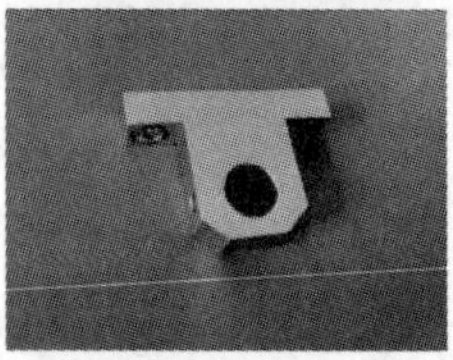
6	车轮轴	1	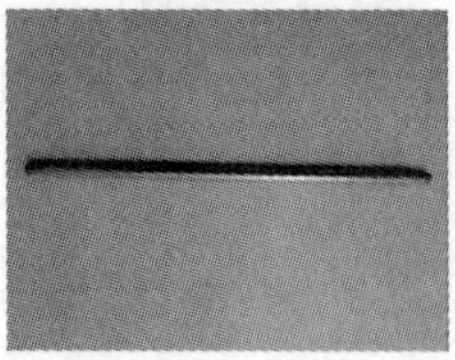
7	车轮部件	2	30~33
8	轴端螺钉 $M4 \times 10$	2	见表 2-18

（续）

序号	名称	数量	实物图
9	车轮拉垫	2	
10	行走电机同步带轮	2	
11	车轮同步带	1	
12	行走电机	2	
13	行走电机支座	2	
14	围边	1	
15	圆柱物品定位柱	1	
16	上平板		
17	前端上盖板	1	

（续）

序号	名称	数量	实物图
18	前端上盖板支座	1	
19	线束压块	1	
20	万向轮支柱	4	
21	前端定位块	1	
22	万向轮	1	
23	循线传感器	1	
24	循线传感器安装盒	1	
25	循线传感器安装支柱	2	

（续）

序号	名称	数量	实物图
26	主控板	1	
27	驱动控制板	1	
28	传感器控制板	1	
29	侧向红外开关	1	
30	车轮同步带轮	2	
31	深沟球轴承	4	
32	O 形圈	4	
33	车轮轮毂	2	

2）连接件与其他

底盘部件连接螺钉、螺母、挡圈等一系列标准与非标准件名称、数量及实物如表
2－18所示。

表 2－18　底盘连接件与其他

序号	名称（从左至右,从上往下）	数量	实物图
1	M5×40 圆柱头内六角螺钉	4	
2	M5×18 圆柱头内六角螺钉	4	
3	M5×16 圆柱头内六角螺钉	2	
4	M4×12 圆柱头内六角螺钉	2	
5	M5×10 圆柱头内六角螺钉	8	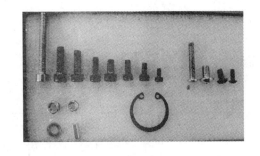
6	M4×10 圆柱头内六角螺钉	2	
7	M4×8 圆柱头内六角螺钉	8	
8	M3×6 圆柱头内六角螺钉	12	
9	M4×16 圆头内六角螺钉	5	
10	M3×12 圆头内六角螺钉	4	
11	M3×10 圆头内六角螺钉	16	
12	M3×8 圆头内六角螺钉	20	
13	M5 螺母	8	
14	M4 螺母	2	
15	φ5 垫圈	16	
16	M3×10 带螺纹铜套	12	
17	φ22 孔用弹性挡圈	2	

3）工具准备

底盘部件安装过程中使用的工具、耗材如表 2－19 所示。

表 2－19　底盘部件安装工具与耗材

序号	名称	数量	实物图
1	内六角扳手	1	
2	螺丝刀(3.0×75mm)	1	

（续）

序号	名称	数量	实物图
3	螺丝刀（2.0×40mm）	1	
4	普通剪刀	1	
5	10 号呆扳手	1	
6	5 号呆扳手	1	
7	橡皮锤	1	
8	台虎钳	1	
9	凸铜柱	1	
10	凹铜柱	1	

（续）

序号	名称	数量	实物图
11	扎带	若干	
12	绝缘胶带	1	
13	导线	1	

2. 装配工艺

底盘部件装配工艺卡见表 2 - 20。

表 2 - 20　底盘部件装配工艺卡

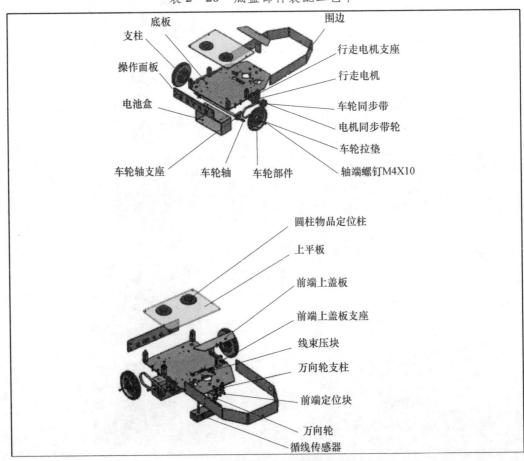

（续）

序号	零件名称	工序内容	工具	备注
1	车轮	把 O 形圈套入车轮轮毂并将轴承装入车轮轮毂;把孔用弹性挡圈装入车轮轮毂	橡皮锤;铜棒;平口钳	用铜棒轻敲
2	同步带齿轮	把同步带轮装入车轮轮毂	内六角扳手	
3	车轮整体	将车轮轴一端装入轴承;把轮轴支座穿入车轮轴;将车轮轴另一端装入轴承;用车轮拉垫限位	橡皮锤;内六角扳手;平口钳	紧定螺纹孔同向
4	底盘	把车轮轴支座装入底板;锁紧车轮轴	内六角扳手;呆扳手	转动顺畅
5	前端固定块	把前端固定块与前端上盖板连接	内六角扳手	
6	万向轮	通过万向轮支柱固定万向轮	内六角扳手;呆扳手	
7	底板	安装铜柱		
8	电池盒	安装电池盒	内六角扳手	
9	行走电机	行走电机座与电机连接	内六角扳手	
10	电机同步带轮	电机同步带轮与电机轴连接	内六角扳手	端面平齐
11	底盘整体	把行走电机支座装在底板上(从后向前看左为 L,右为 R)(预紧)再把同步带装上并张紧	内六角扳手	
12	回转电机	安装回转电机固定板和回转电机侧板;将电机装在回转电机固定板上	内六角扳手	
13	拨盘	将轴套装在拨盘上紧定螺钉孔与槽口反向;把拨销和铜套装在拨盘上	内六角扳手	
14	回转轴座	将轴承装入轴座;将轴装入轴承座并用轴用卡簧垫片限位	铜棒;平口钳;橡皮锤	
15	电路板	最短线先拿出; 最长线一端接主板 M—JM15; 次长线一端接传感器板 S—JS1; 等长线①一端接主板 M—JM19; 等长线②一端接主板 M—JM20; 把主板 M 固定,将已连接线压在板下;把驱动板 Q 固定,将已连接线压在板下; 最长线另一端接传感器板 S—JS2; 等长线①另一端接驱动板 Q—DJ12; 等长线②另一端接驱动板 Q—DJ34; 把传感器板 S 放固定,将已连接线压在板下; 做好线后从底板穿入完成插线	内六角扳手;一字起	
16	理线	把线理好后用线束压块固定;将线沿一端穿入轴座并固定轴座	内六角扳手;呆扳手	

（续）

序号	零件名称	工序内容	工具	备注
17	循线传感器	把循线传感器装入传感盒内,并把传感器盒装在底板上,完成插线	内六角扳手	槽口向后
18	回转机构	将电机座固定在底板上;将拨盘装入回转电机上;把线穿入槽轮并将槽轮固定在轴座上,并使拨盘与之紧贴配合	内六角扳手	
19	回转传感器	将传感器 S10 装在回转电机座侧板上并固定插线	内六角扳手	注意感应距离

3. 安装过程

（1）将轴承装入车轮轮毂,注意装轴承时用铜棒轻轻敲入,如图 2-49 所示。在轮毂外圈套上 O 形圈,增加车轮摩擦力。

图 2-49　轴承安装

（2）将孔用弹性挡圈装入车轮轮毂,对轴承限位,如图 2-50 所示。

图 2-50　孔用弹性挡圈安装

（3）连接同步带轮与车轮轮毂,如图 2-51 所示。

（4）将车轮轴一端装入轴承,如图 2-52 所示。

图 2 - 51　同步带轮安装

图 2 - 52　车轮轴安装

（5）把车轮轴支座穿入车轮轴。注意：要让紧定螺纹孔同向，如图 2 - 53 所示。

图 2 - 53　穿入车轮轴支座

（6）将车轮轴另一端装入轴承，可用橡皮锤轻敲，如图 2 - 54 所示。

图 2-54　另一端车轮轮毂安装

（7）用车轮拉垫限位(螺钉不能装反)，如图 2-55 所示。

图 2-55　车轮拉垫安装

（8）把车轮轴支座装入底板,底板孔在右为正面,注意螺母在上,预紧,如图 2-56 所示。

图 2-56　车轮轴支座预紧

（9）锁紧车轮轴,特别要注意对中,防止螺钉与车身摩擦,如图 2-57 所示。

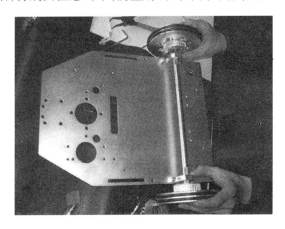

图 2-57　车轮轴支座调整与固定

（10）连接前端固定块与前端上盖板,如图 2-58 所示。

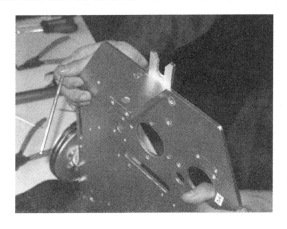

图 2-58　前端固定块与前端上盖板的安装

（11）通过万向轮支柱固定万向轮,如图 2-59 所示。

图 2-59　万向轮安装

（12）安装铜柱（注意:较平一面需贴住底板）,如图 2-60 所示。

（13）安装底板支座（注意:螺纹孔全都朝外）,如图 2-61 所示。

（14）安装电池盒。

图 2 - 60   底板铜柱安装

图 2 - 61   底板支柱安装

（15）连接行走电机与行走电机座（注意：电机座螺纹孔端靠近电机），如图 2 - 62 所示。

图 2 - 62   行走电机与支座连接

（16）连接行走电机轴与电机同步带轮（注意：轴端与同步电机带轮外端平齐）。

（17）把行走电机支座装在底板上（从后向前看左为 L，右为 R），预紧，再把同步带装上并张紧，如图 2 - 63 所示。

图 2 – 63　行走电机支座安装

（18）接下来为三块控制电路板间接线,如图 2 – 64 所示。具体操作为:

图 2 – 64　控制电路板接线示意图

① 最短线先拿出。

② 最长线一端接主板 M—JM15。

③ 次长线一端接传感器板 S—JS1。

④ 等长线①一端接主板 M—JM19。

⑤ 等长线②一端接主板 M—JM20。

⑥ 将主板 M 固定,将已连接线压在板下。

⑦ 将驱动板 Q 固定,将已连接线压在板下。

⑧ 最长线另一端接传感器板 S—JS2。

⑨ 等长线①另一端接驱动板 Q—DJ12。

⑩ 等长线②另一端接驱动板 Q—DJ34。

⑪ 将传感器板 S 固定,将已连接线压在板下。

⑫ 最短线一端接主板 M—JM18,另一端接驱动板 Q—DJ1。

至此,控制电路板接线结束。

(19)做好线后从底板穿入,如图 2-65 所示,准备插线。

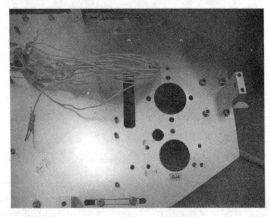

图 2-65　底板穿线示意图

(20)接下来为三块控制电路上插线,具体操作如下:

① 传感器板 S　左侧:S:GND,S:12V。

② 驱动板 Q　下侧:Q:DJ4-,Q:DJ4+,Q:DJ3+,Q:DJ3-,Q:DJ2+,Q:DJ2-,Q:DJ1-,Q:DJ1+。

③ 驱动板 Q　上侧:Q:GND,Q+12V,Q:H+,Q:H-。

④ 主板 M　左侧:M:+12V,M:S06,M:GND,M:S07,M:S08,M:S09。

⑤ 主板 M　下侧:M:S05,M:S04,M:S03,M:S02,M:S01。

⑥ 主板 M　右侧:M:GND,M:+12V。

至此,控制电路板插线结束。

(21)把线理好后,用线束压块固定。

(22)将线悬空一端穿入轴座,如图 2-66 所示。注:如回转机械部件已安装完成,则此时轴座上还应有槽轮连接。

图 2-66　导线穿过回转轴座示意图

（23）把循线传感器装入传感盒内。并把传感器盒装在底板上,注意槽口向后,如图 2 – 67 所示。

图 2 – 67   循线传感器安装

（24）循线传感器排线另一端接入传感器信号控制板。

（25）完成底盘部件安装,如图 2 – 68 所示。

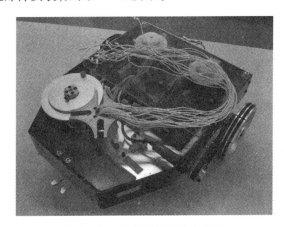

图 2 – 68   底盘部件安装完成图

4. 安装注意事项

（1）所有螺钉是否紧固。

（2）螺钉按对角方式先预紧后拧紧,用力大小合适。

（3）过盈配合、相对运动的零部件装配前需上油润滑。

（4）装配过程不能损坏零件表面质量。

（5）零件装配符合规范。

（6）按照工艺文件要求进行装配,注意安装顺序。

（7）严格执行安全操作规程。

学习任务 6   机器人的总装

【任务描述】

本任务主要学习如何按装配工艺表正确有序的安装机器人 ZKRT – 300 的各部件,完成总装,熟练使用工量具和简单仪器。

【任务实施】

1. 准备工作

1）零件准备

机器人总装前零部件准备如表 2 –21 所示。

表 2 –21　总装所需零部件

序号	名称	数量	实物图
1	底盘部件	1	
2	水平部件	1	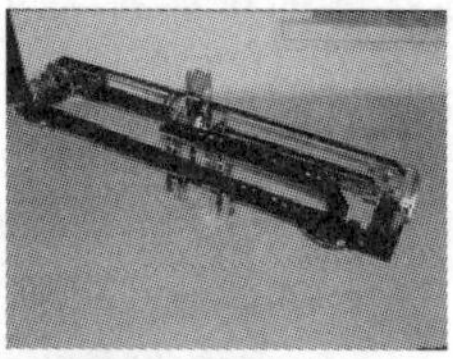
3	升降部件	1	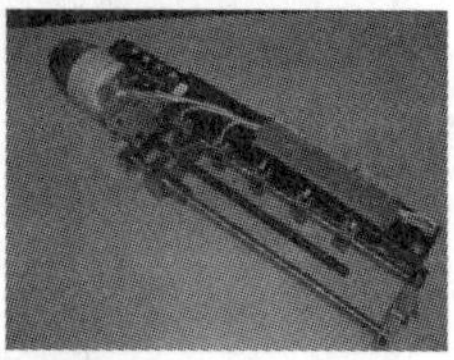

2）连接件与其他

总装所需连接件名称、数量及实物如表 2 –22 所示。

表 2 –22　总装连接件与其他

序号	名称	数量	实物图
1	$M3 \times 6$ 圆柱头内六角螺钉	4	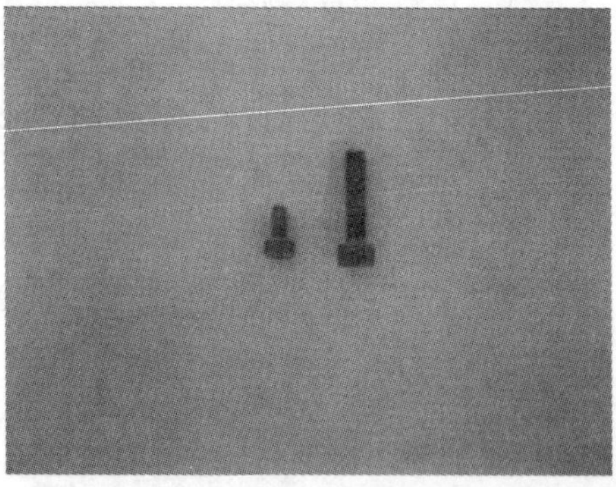
2	$M4 \times 16$ 圆柱头内六角螺钉	4	

3）工具准备

总装安装过程中使用的工具如表 2 –23 所示。

表 2－23　机器人总装工具

序号	名称	数量	实物图
1	内六角扳手	1	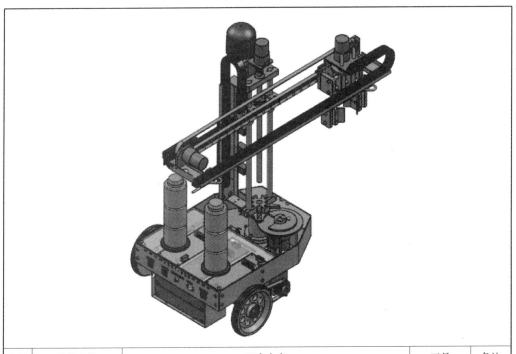
2	螺丝刀(大)	1	

2. 装配工艺

机器人总装装配工艺卡见表 2－24。

表 2－24　机器人总装装配工艺卡

序号	零件名称	工序内容	工具	备注
1	穿线	将线从升降机构的下固定板穿入,再穿入支架的左孔中;将升降机构与槽轮连接		
2	长端子排	将线压入长端子排下,完成接线。完成长接线排接线(S08 下面接 GND,S09 下面接 +12V)	一字起;内六角扳手	
3	平移机构端子排	将平移导轨副装在升降滑块上,自右向左的第 11、12、13、14 孔。坦克链放入过线槽,线头用平移机构端子排压住并完成接线	一字起;内六角扳手	

69

(续)

序号	零件名称	工序内容	工具	备注
4	外围	把操作面板和围边装在支柱上,完成接线{12V 接 03 ~ 04 线}{24V 接 05 ~ 06 线}; 把前盖板装在固定块上;把上平板装在支柱上;把工作台装在上平板上	一字起; 内六角扳手	
5	检查	对机器人的外观和容易出错的地方进行检查		

3. 安装过程

(1) 先将线从升降机构的下固定板穿入,再穿入支架的左孔中,然后将升降机构与槽轮连接,如图 2 - 69 所示。注:为穿线和调节间隙方便,底盘部件围边与上平板可以后装,或在总装前预先拆除。

图 2 - 69　升降部件与底盘部件连接示意图

(2) 将线压入长端子排下,然后完成长接线端子排接线(特别注意 S08 下面接 GND,S09 下面接 +12V),如图 2 - 70 所示。

(3) 将平移导轨副装在升降滑块上,自右向左的第 11、12、13、14 孔,如图 2 - 71 所示。坦克链放入过线槽,线头用平移机构端子排压住并完成接线,如图 2 - 72 所示。

(4) 把操作面板和围边安装在支柱上,完成接线,12V 接套码管编号为 03 ~ 04 线,24V 接套码管编号为 05 ~ 06 线。将前盖板安装在固定块上,然后将上平板安装在底板支柱上,最后完成总装,如图 2 - 73 所示。

4. 安装注意事项

(1) 所有螺钉是否紧固。

(2) 螺钉按对角方式先预紧后拧紧,用力大小合适。

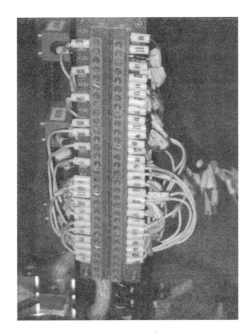

图 2‒70 长接线端子排接线示意图

图 2‒71 平移部件与升降部件连接示意图

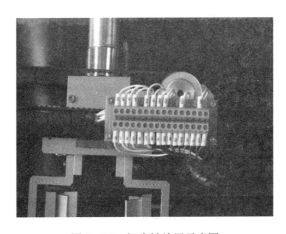

图 2‒72 坦克链放置示意图

图 2 - 73　机器人总装完成图

（3）过盈配合、相对运动的零部件装配前需上油润滑。

（4）装配过程不能损坏零件表面质量。

（5）零件装配符合规范。

（6）按照工艺文件要求进行装配，注意安装顺序。

（7）严格执行安全操作规程。

2.4　项 目 评 价

项目评价见表格 2 - 25。

表 2 - 25　项目评价表

项目名称		项目 2 机器人 ZKRT - 300 的安装		
评价方式	评价模块	评价内容	分值	得分
自评 40%	学习能力	逐一对照项目知识目标，根据实际掌握情况打分	5	
	动手能力	逐一对照项目技能目标，根据实际掌握情况打分	6	
	协作能力	在分组任务学习过程中，自己的团队协作能力	5	
	完成情况	学习任务 1 完成程度	4	
		学习任务 2 完成程度	4	
		学习任务 3 完成程度	4	
		学习任务 4 完成程度	3	
		学习任务 5 完成程度	5	
		学习任务 6 完成程度	4	
组评 30%	组内贡献	组内测评个人在小组任务学习过程中的贡献值	10	
	团队协作	组内测评个人在小组任务学习过程中的协作程度	10	
	技能掌握	对照项目技能目标，组内测评个人掌握程度	10	

（续）

项目名称		项目 2 机器人 ZKRT - 300 的安装			
评价方式	评价模块	评价内容		分值	得分
师评 30%	学习态度	个人在项目学习过程中,参与的积极性		10	
	知识构建	个人在项目学习过程中,知识、技能掌握情况		10	
	创新能力	个人在项目学习过程中,表现出的创新思维、动作、语言等		10	
学生姓名		小组编号		总分	100

2.5 项 目 总 结

通过本项目的学习,学生可以熟练掌握以下内容:

（1）机器人 ZKRT - 300 的手爪部件安装。

（2）机器人 ZKRT - 300 的平移部件安装。

（3）机器人 ZKRT - 300 的升降部件安装。

（4）机器人 ZKRT - 300 的回转部件安装。

（5）机器人 ZKRT - 300 的底盘部件安装。

（6）机器人 ZKRT - 300 的部件总装。

（7）机器人零部件名称、数量,安装工具使用,装配工艺编排以及机器人安装技能。

2.6 项 目 拓 展

与机器人安装相对应的是机器人的拆卸,为方便起见,在机器人的运输、保养、维修过程中往往需要拆解。全国职业院校"机器人技术应用"赛项在比赛开始前,各参赛队首先要保证机器人拆解到位,由此可见掌握机器人拆卸技能同样重要。机器人 ZKRT - 300 各机械组成部件的拆卸工艺卡如表 2 - 26 至 2 - 29 所示,表 2 - 30 为机器人电路、控制板拆卸工艺。

表 2 - 26   机器人 ZKRT - 300 手爪部件拆卸工艺卡

序号	内容	连接件		工具	备注
		名称	数量		
1	手爪电机安装座—基板	常规 $M3 \times 10$	2	3mm 内六角扳手	
2	DJ1 轴—双曲线槽凸轮	常规 $M3 \times 8$	1	3mm 内六角扳手	
3	DJ1—手爪电机安装座	常规 $M2 \times 8$	4	2mm 内六角扳手	近折角 4 处
4	手爪接近开关感应块—双曲线槽凸轮	常规 $M2 \times 6$	1	2mm 内六角扳手	
5	同步上压块—基板	常规 $M3 \times 15$	2	3mm 内六角扳手	
6	同步下压块—基板	常规 $M3 \times 12$	2	3mm 内六角扳手	
7	轴用弹性挡圈—手指平移导杆(右侧)		2	轴用卡簧钳	导杆分上下
8	手爪平移接近感应片—手指平移导杆固定座	沉头 $M1 \times 6$	1×2	1mm 内六角扳手	

（续）

序号	内容	连接件		工具	备注
		名称	数量		
9	手指平移导杆固定座—基板	常规 $M3 \times 40$	2×2	3mm 内六角扳手	
10	手指连接板—手指平移滑块	常规 $M3 \times 15$	2×2	3mm 内六角扳手	
11	缓冲弹簧销—缓冲弹簧销固定板	销钉 $M1 \times 7$	2×2	1mm 内六角扳手	
12	轴用弹性挡圈—缓冲弹簧销		2×2	轴用卡簧钳	
13	V 形夹紧块—缓冲弹簧销固定板	沉头 $M1 \times 6$	2×2	1mm 内六角扳手	
14	挡板—手指连接板（左侧）	圆头 $M1 \times 7$	2	1mm 内六角扳手	

表 2-27　机器人 ZKRT-300 平移部件拆卸工艺卡

序号	内容	连接件		工具	备注
		名称	数量		
1	升降滑块—平移直线导轨副	常规 $M2 \times 10$	4	2mm 内六角扳手	分离平移部件
2	平移电缆拖链安装支架（左侧）—平移电机座	常规 $M2 \times 8$	2	2mm 内六角扳手	
3	平移电缆拖链安装支架（右侧）—平移同步带轮座	常规 $M3 \times 8$	1	3mm 内六角扳手	带垫片
4	平移同步带轮座—平移直线导轨副	螺栓 $M2 \times 16$	2	2mm 内六角扳手、活动扳手	带垫片
5	平移同步带轮—平移同步带轮座	螺母、垫片	各1	活动扳手	
6	平移同步带轮—平移同步带轮转轴	常规 $M3 \times 8$	1	3mm 内六角扳手	
7	平移直线导轨副—过线槽支架	螺栓 $M2 \times 8$	2	2mm 内六角扳手、活动扳手	
8	平移直线导轨副—平移部件端子排安装板	常规 $M2 \times 16$	2	2mm 内六角扳手	带垫片
9	平移部件端子排安装板—平移部件端子排	常规 $M2 \times 16$	4	2mm 内六角扳手	带铜柱、电气（先卸）
10	平移部件端子排安装板—平移电机座	常规 $M2 \times 8$	4	2mm 内六角扳手	
11	平移电机同步带轮—DJ2 轴	销钉 $M2$	1	2mm 内六角扳手	DJ2 为平移电机
12	平移电机—平移电机座	常规 $M2 \times 8$	4	2mm 内六角扳手	

表 2-28　机器人 ZKRT-300 升降部件拆卸工艺卡

序号	内容	连接件		工具	备注
		名称	数量		
1	接线—接线端子排				
2	升降电路板—升降拖链安装支架	常规 $M2 \times 16$	4	2mm 内六角扳手	有套筒
3	升降拖链—升降拖链安装支架	常规 $M2 \times 6$	2	2mm 内六角扳手	
4	升降拖链安装支架—上/下固定块	常规 $M3 \times 8$	2	3mm 内六角扳手	
5	取出 LJ2 端子排上的接线				
6	下固定块—槽轮机构	常规 $M4 \times 16$	4	4mm 内六角扳手	
7	警示灯—警示灯安装支架	螺母	3		

（续）

序号	内容	连接件		工具	备注
		名称	数量		
8	警示灯支架—电机安装支架	常规 $M3 \times 8$	2	3mm 内六角扳手	
9	松开弹性联轴器			1mm 内六角扳手	注意电机轴的平面
10	升降电机—升降电机安装支架	常规 $M2 \times 8$	4	2mm 内六角扳手	
11	升降电机安装支架—上固定块	常规 $M4 \times 10$	2	4mm 内六角扳手	有垫圈
12	弹性联轴器—丝杆			1mm 内六角扳手	销钉拧松即可
13	上固定块—升降导杆	常规 $M4 \times 16$	2	4mm 内六角扳手	台虎钳分离轴承
14	升降导杆—升降滑块				注意直线轴承
15	丝杆—升降滑块				
16	感应块—升降滑块	常规 $M2 \times 8$	2	2mm 内六角扳手	有垫圈
17	升降拖链固定板—升降滑块	常规 $M3 \times 8$	2	3mm 内六角扳手	有垫圈
18	铜螺母—升降滑块	常规 $M3 \times 10$	4	3mm 内六角扳手	
19	下固定块—升降导杆	常规 $M4 \times 16$	4	4mm 内六角扳手	

表 2 - 29　机器人 ZKRT - 300 底盘部件拆卸工艺卡

序号	内容	连接件		工具	备注
		名称	数量		
1	前端上盖板—前端上盖板支座	圆头 $M2 \times 10$	2	2mm 内六角扳手	
2	上平板—支柱	圆头 $M2 \times 10$	4	2mm 内六角扳手	
3	循线传感器—底板	常规 $M3 \times 10$	2	3mm 内六角扳手	
4	连杆—循线传感器	螺母	2	活动扳手	
5	底板—万向轮	常规 $M4 \times 40$	4	4mm 内六角扳手	各 2 个垫片上厚下薄有螺母,铝柱
6	前端定位块—前端上盖板支座	常规 $M4 \times 16$	2	4mm 内六角扳手	
7	线束压块—底板	常规 $M2 \times 16$	2	2mm 内六角扳手	
8	围边—支柱	圆头 $M2 \times 8$	8	2mm 内六角扳手	
9	操作面板—支柱	圆头 $M2 \times 8$	4	2mm 内六角扳手	
10	电池盒—底板	常规 $M3 \times 8$	4	3mm 内六角扳手	
11	支柱—底板	常规 $M4 \times 16$ /$M4 \times 10$	1、3	4mm 内六角扳手	
12	铜柱—底板	圆头 $M1 \times 8$	12	1mm 内六角扳手	

表 2-30 机器人 ZKRT-300 电路、控制板拆卸工艺卡

序号	内容	备注	分类
1	24V 电线	Q:JD12	外围
2	12V 电线	Q:JD11	
3	电源信号线	Q:LED	
4	启动按钮	M:JM2	
5	回转接近开关	M:JM8	
6	高度传感器(蓝色传感器)	Q:JD9	
7	电池接线(亮黄色)		
8	连接信号线　　M:JM15—S:JS2		连接线
9	连接信号线　　M:JM20—Q:DJS4		
10	连接信号线　　M:JM19—Q:DJ12		
11	连接信号线　　M:JM18—Q:JD1		
12	8 路循线感应器—Q:JS1		
13	程序下载线—M:JM1		
14	主板 M　　排线拆卸		主板 M
15	主板 M 右侧:M:GND > M:+12V	">"代表方向	
16	主板 M 下侧:M:S05 < M:S04: < M:S03 < M:S02 < MS01	"<"代表方向	
17	主板 M 左侧:M:+12V > M:S06 > M:GND > M:S07 > M:S08 > M:S09	">"代表方向	
18	主板 Q　　排线拆卸		主板 Q
19	主板 Q 上侧:[Q:GND > Q+12V] > |Q:GND > Q+12V| > Q:H + > QH −	[ ]内为 Q:JD15 接口；||内为 Q:JD16 接口	
20	主板 Q 下侧: Q:DJ1 − < Q:DJ1 + < Q:DJ2 + < Q:DJ2 − < QDJ3 + < Q:DJ3 − < Q:DJ4 − < Q:DJ4 +		
21	主板 S		主板 S
22	主板 S 左侧:S:GND > S:+12V		

2.7　项 目 巩 固

2.7.1　选择题

1. 铰链四杆机构中与机架相连,并能实现 360°旋转的构件是_____。

A　曲柄　　　B　连杆　　　C　摇杆　　　D　机架

2. 带传动的主要失效形式是带的____。

A　疲劳拉断和打滑　B　磨损和胶合　C　胶合和打滑　D　磨损和疲劳点蚀

3. 载荷小而平稳,且以受径向载荷为主,转速高时应选用____。

A　深沟球轴承　B　圆锥滚子轴承　C　圆柱滚子轴承　D　推力球轴承

4. 国家标准中规定,把齿轮分度圆上的压力角取为标准值,标准值为____。

A　18°　　　B　19°　　　C　20°　　　D　22°

5. 普通螺纹的公称直径是指____ 。

A　大径　　　　B　小径　　　　C　中径　　　　D　顶径

6. V 带传动张紧轮应放在____。

A　松边内侧靠近大带轮　　　　B　松边外侧靠近小带轮

C　松边内侧靠近小带轮　　　　D　两轮中间位置

7. 下列哪种传动用于传递空间两垂直交错轴之间的运动和动力_____。

A　圆柱直齿轮传动　　　　　B　直齿圆锥齿轮传动

C　斜齿圆柱齿轮传动　　　　D　蜗杆传动

8. 螺纹防松装置中属摩擦力防松的是____ 。

A　开口销与槽母　B　止动垫圈　C　黏接剂　D　对顶螺母

9. 夹紧力的作用点应使工件夹紧____尽可能小。

A　移动　　　B　转动　　　C　变形　　　D　力

10. 若被连接件之一厚度较大、材料较软、强度较低、需要经常拆卸时,宜采用____ 。

A　螺栓连接　　　B　双头螺柱　　　C　螺钉连接　　　D　紧固螺钉

2.7.2　判断题

1. (　　)电机是将电能转换为机械能的设备。

2. (　　)V 带安装时越紧越好。

3. (　　)将轴承安装到轴上时,外力只能作用在轴承内圈上。

4. (　　)零件装配时无需做修配和调整便能够装配的性质称为完全互换。

5. (　　)位置公差可分为定向、定位和跳动公差三大类。

6. (　　)蜗杆传动具有自锁性。

7. (　　)锉刀材料通常为碳素工具钢。

8. (　　)梯形螺纹的牙型特征代号为"T"。

9. (　　)齿数相同时,模数越大,齿轮承载能力越小。

10. (　　)金属在外力作用下变形量愈大,其塑性愈好。

2.7.3　思考题

1. 试认全机器人 ZKRT - 300 所有零件名称及工作原理。

2. 内六角扳手使用时,要注意哪些问题?

3. 机器人 ZKRT - 300 绝大部分零件为铝件,有何特点? 安装时要注意什么问题?

4. 如果铝件内螺纹被磨损,怎么处理?

5. 手爪部件安装时,要注意什么问题?

6. 平移部件安装时,要注意什么问题?

7. 升降部件采用什么方式传动? 安装特点是什么?

8. 回转部件采用什么方式传动？安装特点是什么？

9. 底盘部件共有多少个零部件？试排下车轮部件安装工艺表。

10. 试独立装配机器人 ZKRT – 300，并记录时间、问题。

项目 3　机器人 ZKRT – 300 的调试

3.1　项目描述

本项目主要介绍机器人 ZKRT – 300 的调试,包括调试前的准备工作,机器人机械部件调试、软件部分调试和软硬联合调试等,以及调试过程中的注意事项。机器人 ZKRT – 300 调试具体可分为电源调试、传感器调试、电机调试、同步带调试、定位调试、回转间隙调试和软件调试 7 个部分。

3.2　项目目标

3.2.1　知识目标

(1) 了解机器人机械与电气设备调试安全操作规程及注意事项。

(2) 熟悉机器人 ZKRT – 300 每部分调试步骤,以及熟练使用各种调试工具。

(3) 理解机器人 ZKRT – 300 每个调试步骤的作用。

(4) 学会观察调试过程中出现的各种现象,分析原因。

(5) 掌握机器人 ZKRT – 300 的调试方法。

3.2.2　技能目标

(1) 能熟练使用调试常见工具,如内六角扳手、电压表、电焊台等。

(2) 能按调试步骤熟练操作,并举一反三。

(3) 能遵守安全操作规程,紧张有序工作(或学习)。

(4) 在分组分任务调试过程中,锻炼团队协作能力。

(5) 会分析调试过程中出现的问题,及时有效处理,即锻炼现场排故能力。

3.3　项目实施

学习任务 1　电源调试

【任务描述】

本任务主要学习如何验证组装完成的机器人电源供电是否正常,在熟练使用调试工量具的基础上,学会观察调试现象,分析问题原因,理解每个调试步骤的作用。

【任务实施】

1. 准备工作

电源调试前准备材料、调试工具见表3-1。

表3-1 电源调试前准备材料与工具表

序号	名称	数量	实物图
1	电池组	1(2块)	
2	电压表	1	

2. 电路检测

机器人ZKRT-300由2块12V铅酸蓄电池串联供电,电路检测可按不同电压24V、12V和5V,分别进行。

1)24V电路检测

2块12V蓄电池串联得到24V,分别给机器人全身6个直流电机和1个警示灯供电,电机调试后续任务将单独进行。24V电路检测时需用电压表,此时注意红黑表笔分别连接电源正负极,切勿接反,检测表如表3-2所示。电池电压在测量值范围内,可以接入给机器人供电,如果系统一切正常的话,按下12V按钮,再按24V按钮,则机器人24V上电,电机待机状态,警示灯开始闪亮。

表3-2 24V电路检测表

序号	测量点	测量值(电压)	备注
1	电池正负极	24 V ±2	
2	升降端子排 H + 和 H -	24 V ±2	

2)12V电路检测

测完24V电压后,接下来需要检测机器人12V电路,12V电压由单块电池供电,主要供给10个红外传感器(S01~S10)和3块控制电路板。每个红外传感器有3条连接线,分别是正极、负极和信号反馈,此处主要检测正负极供电是否正常,而有无信号(即传感器功能)则在传感器调试任务中单独进行,传感器12V供电电压检测如表3-3所示。

表3-3 12V传感器供电电压检测表

序号	测量点	测量值(电压)	备注
1	短端子排 S01 + 和 S01 -	12 V ±1	
2	短端子排 S02 + 和 S02 -	12 V ±1	

（续）

序号	测量点	测量值（电压）	备注
3	短端子排 S03＋和 S03－	12V±1	
4	短端子排 S04＋和 S04－	12V±1	
5	升降端子排 S05＋和 S05－	12V±1	
6	升降端子排 S06＋和 S06－	12V±1	
7	升降端子排 S07＋和 S07－	12V±1	
8	升降端子排 S08＋和 S08－	12V±1	
9	升降端子排 S09＋和 S09－	12V±1	
10	主板 S10＋和 S10－	12V±1	

3）5V 电路检测

12V 供电电压检测完成后,还需检测 5V 电路。3 块控制电路板由 12V 供电,但线路板上芯片工作电压只有 5V,故 3 块电路板上都有电压转换芯片 7805。7805 芯片正常时,按下 12V 按钮,可以观察到主板和传感器板上的电源指示灯亮起,如图 3-1 所示,说明 5V 电源供应正常,反之则需更换 7805。

图 3-1 5V 电路检测

3. 调试注意事项

（1）使用电压表测电压时,红表笔接电源正极,黑表笔接电源负极,切勿接反。

（2）使用电压表测量时不要碰到检测点外的其他地方,避免意外短路。

（3）使用电压表测电压时注意电压表的量程。

（4）机器人电源电压需在检测范围才能正常打开 12V 和 24V 供电按钮,否则过低机器人驱动不起来,过高则可能烧坏控制线路板。

（5）发生意外,及时断电。

（6）严格执行安全操作规程。

学习任务2 传感器调试

【任务描述】

本任务主要学习如何验证组装完成的机器人传感器是否正常工作,在熟练使用调试工量具的基础上,学会观察调试现象,分析问题原因,理解每个调试步骤的作用。

【任务实施】

1. 准备工作

传感器调试前调试工具准备见表3-4。

表3-4 传感器调试工具表

序号	名称	数量	实物图
1	一字起 (2.0×40mm)	1	
2	电压表	1	

2. 传感器调试

1)接近传感器调试

机器人上肢机构共有10个红外接近传感器(S01~S10),调试步骤如下:①把传感器调试程序下载至机器人;②将电机驱动板上的DJ3接口拔除,接入一只外接检测电机;③确保没有正处于接触得电状态的传感器;④将金属类工具(如一字起、呆扳手等)依次点触接近传感器,对照表3-5观察现象是否一致,一致则通过,否则更换接近传感器。

表3-5 接近传感器调试表

序号	动作	现象	备注
1	启动机器人(先按12V,再按24V,然后按启动按键)	外接电机正转	注意按键顺序
2	点触接近传感器S01	外接电机反转	用小一字起触碰
3	点触接近传感器S02	外接电机正转	
4	点触接近传感器S03	外接电机反转	
5	点触接近传感器S04	外接电机正转	
6	点触接近传感器S05	外接电机反转	
7	点触接近传感器S06	外接电机正转	
8	点触接近传感器S07	外接电机反转	
9	点触接近传感器S08	外接电机正转	

(续)

序号	动作	现象	备注
10	点触接近传感器 S09	外接电机反转	
11	点触接近传感器 S10	外接电机正转	

2）循线传感器调试

机器人 ZKRT – 300 除了 10 路红外接近传感器外,还有安装在底盘下的 8 路循线传感器。调试循线传感器步骤如下:①将机器人放到调试场地上(绿底白条),机器人底部的 8 路传感器全部对准白条;②打开 12V 开关,此时应确保电池电压在 11.8V 以上,否则应给电池充电;③双人调试,一人操作电压并读数,另一人操作一字起调节可调电阻,电压表测量值见表 3 – 6,测量方式如图 3 – 2 所示。

表 3 – 6　循线传感器调试表

序号	测量点	测量值(电压)	备注
1	1 号电位器	10V ± 0.5	电压表测量,一字起调节
2	2 号电位器	10V ± 0.5	
3	3 号电位器	10V ± 0.5	
4	4 号电位器	10V ± 0.5	
5	5 号电位器	10V ± 0.5	
6	6 号电位器	10V ± 0.5	
7	7 号电位器	10V ± 0.5	
8	8 号电位器	10V ± 0.5	

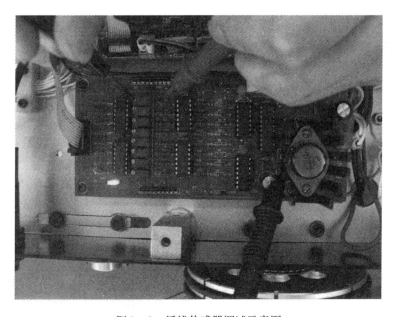

图 3 – 2　循线传感器调试示意图

电压调节结束后,此时观察现象应该是电路板上 8 个指示发光二极管全亮。移动机器人,使机器人底部的 8 路传感器全部对准地面背景(绿色),此时电路板上 8 指示发光二极管全暗,如此时测量测量点电压,电压为 4~6V。

4. 调试注意事项

(1)调试时,注意电池电压是否在合理范围内。

(2)正确使用电压表。

(3)调试接近传感器时,注意有无干扰信号,调试开始时传感器处于不得电状态。

(4)一字起调节可调电阻时,注意用力力度与旋转方向、速度。

(5)严格执行安全操作规程。

学习任务3　电机调试

【任务描述】

本任务主要学习如何验证组装完成的机器人电机是否正常工作,在熟练使用调试工量具的基础上,学会观察调试现象,分析问题原因,理解每个调试步骤的作用。

【任务实施】

1. 功能电机调试

机器人 ZKRT - 300 全身共有 6 个直流电机,4 个功能电机和 2 个行走电机。功能电机是指完成机器人上肢动作的驱动电机,4 只分别为手爪夹紧、放松功能电机 DJ1,水平前平移、后平移功能电机 DJ2,升降部件上升、下降功能电机 DJ3 和机器人前回转、后回转功能电机 DJ4。功能电机主要调试正反转与相应功能是否匹配,供电是否正常,有无接反等。

功能电机调试前工作:①手爪处于半张开状态;②手爪部件位于平移直线导轨中间位置;③平移支架位于升降部件中间位置;④准备好要调试的功能电机调试程序。

功能电机具体调试步骤与现象见表 3-7。

表 3-7　功能电机调试表

序号	步骤	现象	实物图
1	输入手爪电机调试程序	观察手爪电机的转向:手爪先夹紧后松开	
2	输入平移电机调试程序	观察平移电机的转向:手爪先前平移再后平移	

（续）

序号	步骤	现象	实物图
3	输入升降电机调试程序	观察升降电机的转向：平移部件先上移再下移	
4	输入回转电机调试程序	观察回转电机的转向：机器人上肢先逆时针旋转后顺时针旋转	

功能电机调试过程中当发现对应电机无动作时,应检查电机供电(24V);若发现实际动作与表 3−7 所列现象不符时,应检查接线处是否接反。

2. 行走电机调试

机器人有左右两只行走电机,控制机器人前进、后退、左转、右转,行走电机主要调试机器人底盘动作是否正确,供电是否正常,有无接反等。

行走电机调试前工作:①将机器人放到调试场地上(该调试也是检验行走电机同步带张紧是否合适的过程),注意保证机器人有足够的活动空间;②下载底盘行走电机调试程序;③撤走程序下载线;④依次按"12V"、"24V"、"启动"按键启动机器人。

机器人行走电机调试步骤与现象见表 3−8。

表 3−8　行走电机调试表

序号	步骤	现象	备注
1	输入行走电机调试程序	①机器人先向前行走	
		②机器人再后退	
		③机器人左转	
		④机器人右转	
		⑤机器人行走速度与程序设定是否相符	
		⑥机器人行走是否笔直	

行走电机调试过程中当发现电机无动作时,应检查电机供电(24V);若发现实际与现象不符时,应检查接线是否接反;若行走速度与设定值不符时应检查程序和电机驱动芯片;若机器人前进、后退不能保持直行时,调节左右车轮同步带张紧。

3. 调试注意事项

（1）调试前测量电池电压是否在正常范围内。

（2）机器人功能电机动作时,避免超程打坏电机。

（3）机器人动作时,注意活动空间。

（4）机器人行走电机调试时，注意用来调试的场地要有一定的水平度。

（5）发现故障时，应及时断电。

（6）严格执行安全操作规程。

学习任务4 同步带调试

【任务描述】

本任务主要学习如何验证组装完成的机器人同步带张紧是否合适，在熟练使用调试工量具基础上，学会观察调试现象，分析问题原因，理解每个调试步骤的作用。

【任务实施】

1. 准备工作

同步带调试前调试工具准备见表3-9。

表3-9 同步带调试工具表

序号	名称	数量	实物图
1	内六角扳手	1	
2	5号呆扳手	1	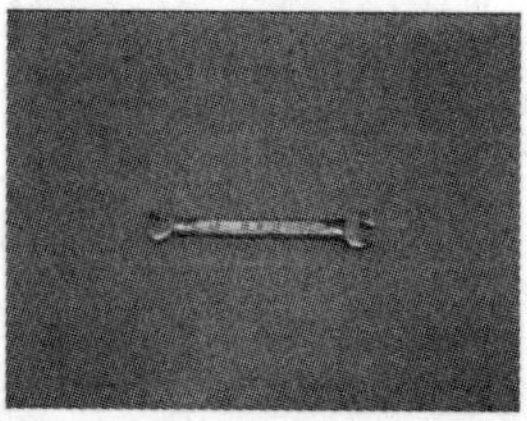

2. 同步带调试

同步带调试，主要是调试同步带的张紧。机器人ZKRT-300同步带可分成两类，分别是水平部件中用以手爪前后平移的同步带张紧调试和底盘部件中用以左右车轮行走的同步带张紧调试，其类型和所处部位见表3-10。

表3-10 同步带调试分类表

序号	分类	部位
1	水平同步带张紧调试	

（续）

序号	分类	部位
2	行走同步带张紧调试 （左右两侧）	

3. 调试过程与步骤

1）水平同步带张紧调试

（1）先测试同步带的张紧程度是否达到要求。若水平同步带过松,则机器人手爪在前后平移到位后会有反弹,影响精度,甚至无法完成工件抓取;若水平同步带过紧,则机器人手爪前后平移动作不顺畅,电量消耗快,增加电池负担,同时也会造成手爪精度下降,严重的还会影响皮带寿命。图 3－3 即为同步带过松现象,需要调节。

图 3－3　水平同步带过松

（2）水平同步带张紧。拧松平移同步带轮座紧定螺钉,然后松开平移电缆拖链安装支架从动带轮处螺钉,张紧同步带后反向锁死两处紧定螺钉,如图 3－4 所示。

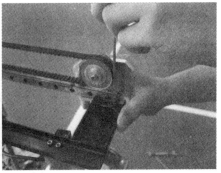

图 3－4　水平同步带张紧

（3）手指测试同步带张紧是否达到要求,如图 3－5 所示。

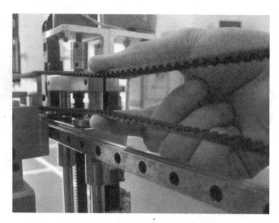

图 3 - 5　水平同步带张紧测试

2）行走同步带张紧调试

（1）测试行走同步带的张紧程度是否合适，如图 3 - 6 所示。过松，车轮传递转矩不到位，影响车轮回转速度，严重的还会造成车轮打滑；过紧，车轮传递阻尼过大，同样影响车轮回转速度，严重的还会卡阻车轮，影响同步带寿命。

图 3 - 6　行走同步带过松

（2）行走同步带张紧。松开行走电机支座与底板紧定螺钉，调节行走同步带张紧程度，预紧，调节另一侧行走同步带，如图 3 - 7 所示。

图 3 - 7　行走同步带张紧

（3）手指测试同步带张紧是否合适。分别测试左右两侧行走同步带,感觉张紧程度相似为宜,如图3－8所示,锁死左右两侧用于调节同步带的紧定螺钉。

图3－8　行走同步带测试

（4）下载机器人直线行走程序,测试左右行走同步带是否一致,如机器人直行过程有向左或向右偏的现象,则再对左右行走同步带进行微调,直至机器人保持直行为止。

4. 调试注意事项

（1）调试同步带前,先不上电,分别用手推动机器人手爪在水平导轨上前后平移,然后推动机器人前进、后退,确保无卡阻现象。

（2）同步带张紧后,用手测试有无弹性,切勿过紧。

（3）调节水平同步带时两人配合操作,一人负责张紧,一人负责拧紧紧定螺钉。

（4）调节左右行走同步带时单人操作,以便比较。

（5）为增大接触面积,水平同步带和行走同步带调节用的紧定螺钉处需用垫片。

（6）微调左右行走同步带来保持机器人直行时,切勿同时松开左右两侧紧定螺钉,应该单侧调节。

（7）严格执行安全操作规程。

学习任务5　定位调试

【任务描述】

本任务主要学习如何验证组装完成的机器人定位是否合适,包括升降感应片位置和工件定位两部分。在熟练使用调试工量具基础上,学会观察调试现象,分析问题原因,理解每个调试步骤的作用。

【任务实施】

1. 准备工作

机器人定位调试前调试工具准备见表3－11。

表 3 - 11　机器人定位调试工具表

序号	名称	数量	实物图
1	内六角扳手	1	

2. 机器人定位调试

机器人定位调试,主要包括升降感应片位置调试和工件抓取、放置定位调试两部分,调试内容和部件见表 3 - 12。

表 3 - 12　机器人定位调试表

序号	内容	部位
1	感应片调试	
2	工件定位调试	

3. 调试过程与步骤

1) 感应片调试

(1) 在工件存放台任意一侧叠放 4 个圆柱形工件,使机器人的手爪回转至放工件的一侧,并保持手爪位于水平直线导轨中间处,推动机器人进入工件存放站,如图 3 - 9 所示。

图 3 - 9　感应片调试前准备

（2）将机器人手爪逐渐推近工件,观察手爪最下端与工件最高处间隙,如图 3－10 所示。如果手爪与工件之间没有间隙或间隙过小则需将感应片略微下调(向下倾斜幅度增大)。

图 3－10　手爪与工件间隙观察示意图

（3）继续调节升降感应片倾斜幅度,直到手爪底部与工件最上部之间的间隙到达 5～10mm 的间距,如图 3－11 所示。

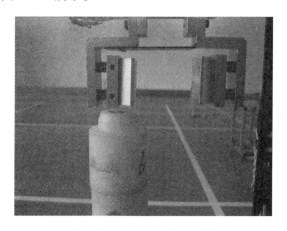

图 3－11　手爪与工件间隙调试

（4）上 12V 电,手动回转机器人升降丝杠,当 S05 刚感应到感应片时(S05 传感器指示灯亮),停止动作,查看手爪底部与工件最上部间隙是否合适,微调感应片位置。

（5）通过后,下载升降感应片测试程序,观察手爪有无超程,能否抓到工件,以及有无和工件碰擦。

2）工件定位调试

（1）在工件存放台上放置一个工件,下载工件定位调试程序,如图 3－12 所示。启动后先让机器人抓取工件存放台上工件,观察手爪抓取时有无碰擦,位置有无偏置,以此调节手爪抓取定位。从机器人身后往前看,若手爪前端碰擦工件,则可能水平同步带过松,造成手爪反弹后,影响抓取定位;若后端与工件碰擦,则可能同步带过紧,手爪平移不到位而影响抓取定位精度。

图 3-12 工件定位前准备

（2）前端定位完成后，机器人手爪后平移，下降安放工件，如图 3-13 所示。此时观察工件放置时与机器人平板上圆柱物品定位柱之间间隙，先松开底板支柱调节上平板位置，合适后紧定螺钉固定。

图 3-13 上平板定位观察图

（3）调完上平板位置后，再微调上平板上圆柱物品定位柱位置，直至圆柱形工件在定位柱中间为止，如图 3-14 所示。

图 3-14 定位合适示意图

（4）单侧工件抓取与安放定位调节完毕后,让机器人手爪回转 180°,查看另一侧工件定位是否合适,如间隙不当则机器人平移支架可能有斜度（从上往下看,水平支架与操作面板应该垂直）,此时需通过调节升降部件下固定块来保证垂直。

（5）完成后,运行工件定位调试完整程序,观察机器人手爪在工件存放区 2 处抓取定位,与自身上平板圆柱物品定位柱 2 处放置定位是否顺畅,无碰擦。

4．调试注意事项

（1）感应片调试时,只上 12V 电,不上 24V,通过验证后才接通 24V 电,以防意外。

（2）感应片调试时,调节感应片倾斜度应该一点点试,切勿一下角度过大,否则将会有丝杠超程危险。

（3）手动回转升降丝杠时,注意上下超程。

（4）工件定位调试时,应遵循调试步骤,不得随意更改。

（5）工件定位调试观察手爪在前后定位位置时,调试人员应及时切断 24V 电源,以防手爪搁到或碰到,损伤元器件。

（6）发现意外,及时断电。

（7）严格执行安全操作规程。

学习任务 6　回转间隙调试

【任务描述】

本任务主要学习如何验证组装完成的机器人回转部件间隙是否合适,在熟练使用调试工量具基础上,学会观察调试现象,分析问题原因,理解每个调试步骤的作用。

【任务实施】

1．准备工作

机器人回转间隙调试前,调试工具准备见表 3－13。

表 3－13　机器人回转间隙调试工具表

序号	名称	数量	实物图
1	内六角扳手	1	
2	8 号呆扳手	1	

2. 回转间隙调试

机器人回转部件调试,主要调试槽轮与拨盘之间的间隙,以及拨销回转时能否顺畅进出槽轮4个回转槽。因槽轮上将固定机器人整个上肢机构,若回转间隙过大,则机器人上肢机构运动时会晃动,这样既降低了工作精度,又带来了危险;若回转间隙过小,则回转电机阻力过大,会产生啸叫,加大拨盘磨损量,大大降低零件使用寿命。机器人回转间隙调试内容、部位见表3-14。

表3-14　回转间隙调试表

序号	调试名称	实物图
1	回转间隙调试	

3. 调试过程

(1) 先查看拨盘与槽轮之间间隙是否合适。可手动回转拨盘并带动槽轮回转,观察运动现象,有无卡阻,有无晃动等,如图3-15所示。

图3-15　回转间隙观察图

(2) 如果间隙过大或过小,则需要重新调整两者间隙。以槽轮为基准,松开回转电机固定侧板紧定螺钉(4个),调节槽轮与拨盘距离。图3-16为回转间隙过大。

(3) 间隙调整合适后,紧固回转电机固定侧板紧定螺钉,先手动回转后上24V电,查看回转有无异常,摩擦处加润滑,图3-17即为间隙调整完成图。注意传感器S10与拨销间距是否合适。

4. 调试注意事项

(1) 回转间隙调试,最好在回转部件安装时完成,否则将拆卸机器人底盘围边与上平板等外围零部件。

(2) 除调节机械回转间隙外,还要注意传感器S10与拨销距离。

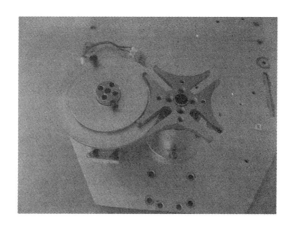

图 3 - 16　回转间隙过大示意图

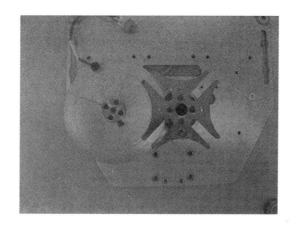

图 3 - 17　回转间隙合适示意图

（3）发现意外，及时断电。

（4）严格执行安全操作规程。

学习任务 7　软件调试

【任务描述】

本任务主要学习机器人安装调试基本完成后，如何检测机器人的功能函数是否正确，机器人能否实现预定功能。在熟练使用调试工量具基础上，学会观察调试现象，分析问题原因，理解每个调试步骤的作用。

【任务实施】

1. 准备工作

机器人 ZKRT - 300 功能主要分上肢动作与底盘动作，上肢动作主要实现手爪的开合、手爪的前后平移、上升下降，以及回转（每次 90°）四个功能。底盘动作在前进、后退、左转、右转基础上，能在场地上循线前进。软件调试就是围绕机器人功能进行的，其调试函数和相应功能见表 3 - 15。

表 3 - 15　调试函数与功能表

序号	调试函数	对应功能
1	DJ1_JS( )	控制机器人手爪夹紧或松开
2	DJ2_PY( )	控制机器人手爪前平移或后平移
3	DJ3_SX( )	控制机器人手爪上升或下降
4	DJ4_HZ( )	控制机器人手爪前回转(逆时针)或后回转(顺时针)
5	FOLL_LINE( )	控制机器人循线前进
6	TURN_90( )	控制机器人左转或右转
7	stop( )	停止机器人任意一只直流电机

8. 功能函数调试

1）DJ1_JS( )函数调试

下载机器人手爪开合控制程序,观察函数功能与现象是否一致:DJ1_JS(j)语句控制机器人手爪夹紧;DJ1_JS(s)语句控制机器人手爪松开,如图 3 - 18 所示。

图 3 - 18　手爪夹紧与松开状态图

2）DJ2_PY( )函数调试

下载机器人手爪平移控制程序,观察函数功能与现象是否一致:DJ2_PY(qpy)语句控制机器人手爪前平移(自水平电机 DJ2 处向从动轮处平移);DJ2_PY(hpy)语句控制机器人手爪后平移(自从动轮向主动轮平移),如图 3 - 19 所示。

图 3 - 19　手爪前平移与后平移状态图

3）DJ3_SX（ ）

下载机器人手爪升降控制程序,观察函数功能与现象是否一致:DJ3_SX(xs,wz1)语句控制机器人手爪上升至位置1(最高处,即传感器 S05 处);DJ3_SX(xx,wz5)语句控制机器人手爪下降至位置5(最低处,即传感器 S09 处)。机器人升降从上往下有 5 个位置(wz1 到 wz5),分别对应高度为传感器 S05 ~ S09 处。图 3 - 20 分别为升降最高位置和最低位置状态图。

图 3 - 20　升降最高与最低位置状态图

4）DJ4_HZ（ ）

下载机器人手爪回转控制程序,观察函数功能与现象是否一致:DJ4_HZ(qhz)语句控制机器人手爪前回转(逆时针回转 90°);DJ4_HZ(hhz)语句控制机器人手爪后回转(顺时针回转 90°)。图 3 - 21 即为机器人完成 1 次回转后的状态示意图。

图 3 - 21　回转 1 次机器人状态图

5）FOLL_LINE（ ）与 stop（ ）

下载机器人循线控制程序,观察函数功能与现象是否一致。如 FOLL_LINE(30,30,30,1)和 stop(rl)语句表示机器人以 30% 速度循着场地白线前进至第 1 个白条十字交叉处,同时停止左右行走电机,如图 3 - 22 所示。

6）TURN_90（ ）与 stop（ ）

下载机器人转弯控制程序,观察函数功能与现象是否一致。如 TURN_90(r,30,

图 3 - 22　机器人前进 1 个十字交叉图

30,1800,900,2)和 stop(rl)语句表示机器人以 30% 速度右转,转弯后同时停止左右行走电机。将 TURN_90()连写两次,则机器人将回转 180°,即调转车头,如图3 - 23 所示。

图 3 - 23　机器人掉头(回转 180°)示意图

3. 功能验证

功能函数调试完成后,表明机器人已经具备相应功能,但这些功能是单独的(或者是单电机工作),而实际任务往往需要功能的组合,所以在机器人正式投入使用(或比赛)前,还需要完成整体功能验证,进一步确保机器人状态。以下是在全国职业院校"机器人技术应用"比赛中,完成机械装配和一系列调试工作后,在上场做综合任务前,需要向裁判展示的机器人整体功能,裁判将按动作到位程度打分。

功能展示:

(1) 机械手逆时针回转 180°、停顿 5s、顺时针回转 180°。

(2) 机械手从最低位开始上升至位置 1 停顿 5s、上升至位置 2 停顿 5s、上升至位置 3 停顿 5s、上升至最高位停顿 5s;从最高位开始下降至位置 3 停顿 5s、下降至位置 2 停顿 5s、下降至位置 1 停顿 5s、下降至最低位停顿 5s、复位。

(3) 机械手平移至最后端、停顿 5s、平移至最前端。

(4) 机械手夹紧、停顿 5s、放松。

(5) 机器人底盘恒速前进 3s、停 2s、同速后退 3s、停 2s、左转 90°、停 2s、右转 90° 停止。

3.4　项目评价

项目评价见表 3 – 16。

表 3 – 16　项目评价表

项目名称		项目 3 机器人 ZKRT – 300 的调试			
评价方式	评价模块	评价内容		分值	得分
自评 40%	学习能力	逐一对照项目知识目标,根据实际掌握情况打分		5	
	动手能力	逐一对照项目技能目标,根据实际掌握情况打分		5	
	协作能力	在分组任务学习过程中,自己的团队协作能力		5	
	完成情况	学习任务 1 完成程度		2	
		学习任务 2 完成程度		4	
		学习任务 3 完成程度		2	
		学习任务 4 完成程度		4	
		学习任务 5 完成程度		5	
		学习任务 6 完成程度		4	
		学习任务 7 完成程度		4	
组评 30%	组内贡献	组内测评个人在小组任务学习过程中的贡献值		10	
	团队协作	组内测评个人在小组任务学习过程中的协作程度		10	
	技能掌握	对照项目技能目标,组内测评个人掌握程度		10	
师评 30%	学习态度	个人在项目学习过程中,参与的积极性		10	
	知识构建	个人在项目学习过程中,知识、技能掌握情况		10	
	创新能力	个人在项目学习过程中,表现出的创新思维、动作、语言等		10	
学生姓名		小组编号	总分	100	

3.5　项目总结

通过本项目的学习,学生可以熟练掌握以下内容:

(1)机器人 ZKRT – 300 的电源调试。

(2)机器人 ZKRT – 300 的传感器调试。

(3)机器人 ZKRT – 300 的电机调试。

(4)机器人 ZKRT – 300 的同步带调试。

(5)机器人 ZKRT – 300 的定位调试。

(6)机器人 ZKRT – 300 的回转间隙调试。

(7)机器人 ZKRT – 300 的软件调试。

(8)机器人调试技能,包括调试工具使用,按调试步骤操作,分析调试现象,简单排除故障,最后保证机器人能实现所有功能,安全工作。

3.6 项目拓展

在"机器人技术应用"项目技能大赛比赛中,完成机器人 ZKRT – 300 安装后,需要快速、有序地对机器人各部位进行调试,确保机器人功能完整,以便完成后续综合任务。如果按平常调试顺序,即电源调试、传感器调试、电机调试、同步带调试、定位调试、回转间隙调试和软件调试七个模块一个个调试的话,时间较长,会影响机器人整个装配完成时间,那么在比赛中,如何才能快速完成调试,确保机器人功能完整呢?

我们可以运用反证法,在平时大量经验积累的基础上,很多机械部件在安装时就已经"一步到位",调试时只需验证而不再需要调整,如同步带、工件定位、回转间隙等,而电气部件如电源、传感器、电机,包括软件调试时同样只需验证。所以,我们在比赛中,往往将调试步骤反向:

(1) 功能验证。功能验证实际上是机器人所有功能组合在一起整体实现,只要前面七个模块中任何一个模块不到位,就不能通过。如手爪在上升过程中 5 个位置有一个位置处未停顿,则说明某个传感器需要单独调试,可能需要更换。

(2) 问题模块单独调试。如果功能验证未一次通过,说明机器人某个模块需要单独调试,有损坏零部件则需要现场更换。在功能验证时,仔细观察机器人动作,根据问题现象确定需要单独调试模块。一般来说,电源模块、接近传感器模块、电机模块及定位模块单独调试概率比其他模块要高。模块单独调试过程,比赛中实际上为现场故障排除过程,需要平时的积累,或请专家指导。

(3) 再次功能验证。问题模块单独调试通过后再次进行功能验证,如果还有问题则继续调试问题模块,如此反复直到机器人通过功能验证。

(4) 循线传感器调试。由于机器人底部 8 路循线传感器需要现场实时调节,所以在完成机器人功能验证后,需单独对循线传感器进行调试。并且,如机器人现场作业时间过长,或环境(尤其是照明)发生较大变化时,需重新调试循线传感器。

特别说明,使用反证法调试机器人 ZKRT – 300 时,需要对机器人非常熟悉,并有大量的现场排除故障经验或有机器人方面专家现场指导,否则极易损坏机器人设备,造成人员伤害或财产损失,一定要慎重选用。

3.7 项目巩固

3.7.1 选择题

1. ZKRT – 300 型机器人的电源低电指示灯__ 为低电报警,此时需要连接外置充电器充电或更换电池组。

A 由红变绿　　　　B 由绿变红　　　　C 由绿变黄　　　　D 由黄变绿

2. ZKRT – 300 机器人电源开关的正确顺序为____。

A 开关电源时,都是先 12V,再 24V

B　开关电源时,都是先 24V,再 12V

C　电源打开时,先开 12V,再开 24V,关闭时,先关 24V,再关 12V

D　电源打开时,先开 24V,再开 12V,关闭时,先关 12V,再关 24V

3. ZKRT - 300 型机器人手爪夹紧和放松是靠双曲线凸轮机构实现的,在放松和夹紧到位处有接近开关检测,能检测____距离内的金属。

A　1mm　　　　　B　2mm　　　　　C　3mm　　　　　D　5mm

4. ZKRT - 300 型机器人升降机构共有 5 个接近开关,机器人的升降机构可以准确地停靠在这 5 个接近开关处。这 5 个接近开关同样都是可以检测__距离内金属。

A　3mm　　　　　B　4mm　　　　　C　5mm　　　　　D　1mm

5. ZKRT - 300 使用____类型的电池?

A　铅酸电池　　　B　锂电池　　　C　镍氢电池　　　D　镍铬电池

6. 7805 的输出电压是____。

A　5V　　　　　　B　12V　　　　　C　24V　　　　　D　3V

7. ZKRT - 300 机器人的传感器信号处理板断开循线传感器的前提下通电,会发现____。

A　电路板上只有一个 LED 亮　　　　B　电路板上所有 LED 都亮

C　电路板上所有 LED 都不亮　　　　D　电路板上 4 个 LED 亮

8. ZKRT - 300 机器人传感器信号处理板通电后,发现 LED 均不亮,可能的故障原因是____。

A　78H05 损坏　　　　　　　　　　B　有一个 LED 损坏

C　循线传感器断开　　　　　　　　D　电位器需要重新调节

9. 向机器人下载程序失败,可能的原因是____。

A　单片机损坏或接触不良

B　RS232 损坏或接触不良

C　按钮面板与主控制板之间的连接排线存在断线

D　以上都有可能

10. L298 的 9 号脚为逻辑供应电压,最低不能小于____。

A　3.3V　　　　　B　4.5V　　　　　C　5V　　　　　D　12V

3.7.2　判断题

1. (　　)STC12C5A60S2 系列单片机可以没有复位电路。

2. (　　)单片机的复位有上电自动复位和按钮手动复位两种,当单片机运行出错或进入死循环时,可按复位键重新启动。

3. (　　)提高步进电机驱动器的细分数,可以提高步进电机的运行精度和平稳性。

4. (　　)机器人在运行中循线效果不理想,应该首先检查电池电压是否正常。

5. (　　)ZKRT - 300 机器人使用的是交流电源。

6. (　　)使用电解电容时,需要注意电源的正负极。

7. (　　)ZKRT - 300 使用的接近传感器电源电压是 12V。

8.（　　）当机器人装配完毕,通电前,必须先仔细检查线路板电源端的正负极是否准确。

9.（　　）机器人在装配完成通电前,一定要先检查各电路板的正负极是否准确。

10.（　　）调节 ZKRT－300 机器人传感器信号处理板上的电位器,必须在通电状态下进行才有效。

3.7.3　思考题

1. 机器人 ZKRT－300 调试可分为哪些模块? 目的为何?

2. 机器人 ZKRT－300 调试工具有哪些? 如何使用?

3. 如何用电压表调节机器人循线传感器,使机器人识别白条?

4. 机器人 ZKRT－300 共有几只电机? 属于什么类型? 正反转各自实现什么功能?

5. 机器人回转间隙如何调整?

6. 机器人功能软件有几个,分别控制什么动作?

7. 机器人 ZKRT－300 需要调试电源按电压值不同,分哪几类? 分别给哪些部位供电?

8. 同步带调试要注意什么问题,过松,过紧会造成何种影响?

9. 机器人定位调试的目的是什么,如何调试?

10. 试独立调试机器人 ZKRT－300,并记录调试时间和调试出现的问题。

项目 4　机器人 ZKRT – 300 的控制

4.1　项 目 描 述

本项目主要介绍机器人 ZKRT – 300 的控制,包括控制平台介绍、上肢动作控制、底盘动作控制以及在此基础上机器人完成物料自动堆垛与载运完整任务。

4.2　项 目 目 标

4.2.1　知识目标

(1) 了解机器人 ZKRT – 300 控制核心,微处理器 STC12C5A60S2 性能与常见控制方法。

(2) 熟悉机器人控制平台 Keil C。

(3) 理解机器人 ZKRT – 300 的控制原理及控制关键,即全身 6 个电机。

(4) 掌握机器人 ZKRT – 300 的控制方法,并举一反三,按任务完成物料自动堆垛与载运。

4.2.2　技能目标

(1) 熟练掌握基于 C 语言的软件控制平台 Keil C,能在该平台下编写用户程序。

(2) 通过案例学习,能控制机器人完成不同的工作任务。

(3) 能在机器人工作现场,安全有序的工作(学习),出现问题及时处理。

(4) 能在自己工作组内独立完成任务,并锻炼团队协作能力。

4.3　项 目 实 施

学习任务 1　控制平台介绍

【任务描述】

本任务主要学习机器人软件控制平台的使用与操作,在正确安装控制软件基础上,会用平台编写控制程序,并最终实现机器动作。

【任务实施】

1. 机器人控制平台

1) Keil C 简介

Keil C51 是 Keil 公司推出的针对 51 系列单片机的 C 语言软件开发系统,对于多数单片机的应用开发,Keil C51 是一款非常优秀的软件。Keil C51 软件提供功能强大的集成开发调试工具和丰富的库函数,生成的目标代码效率很高,多数语句的汇编代码很紧凑,且容易理解,在开发大型软件时更能体现高级语言的优势。

Keil μVision3 是 Keil C51 for Windows 的集成开发环境,可以采用编译 C 源代码、汇编源程序、连接和重定位目标文件和库文件、创建 HEX 文件、调试目标程序等。它集编辑、编译、仿真于一体,并且支持汇编语言。

2)Keil C 软件安装

Keil C 软件平台安装步骤如下:

(1)打开 Keil μVision3 的安装向导,如图 4 – 1 所示。

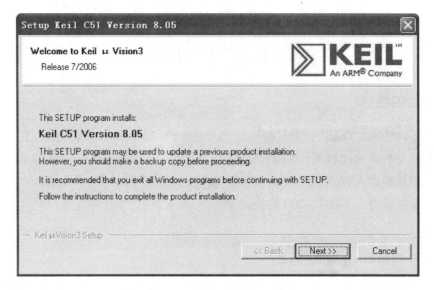

图 4 – 1　Keil μVision3 安装向导

(2)点击"Next≫"按钮,出现如图 4 – 2 所示的安装许可画面。

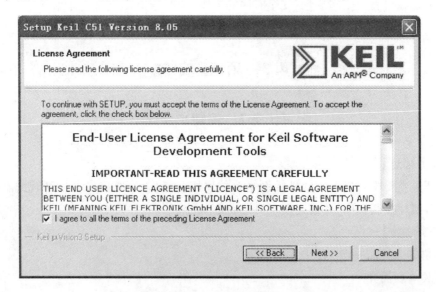

图 4 – 2　安装许可

（3）勾选我同意以上条款（I agree to all the terms of the preceding License Agreement），然后点击"Next≫"按钮，出现安装位置画面，如图 4−3 所示。

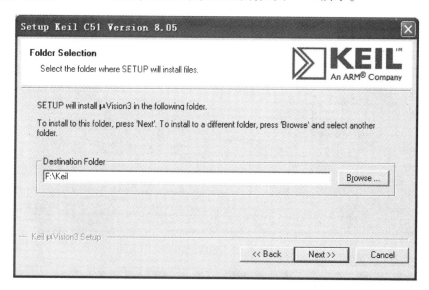

图 4−3　安装位置选择

（4）根据自己喜好，选择软件安装的目标位置（默认位置为 C 盘根目录下 Keil 位置，即 C:\Keil），然后继续点击"Next≫"按钮，出现客户信息输入界面，如图 4−4 所示。

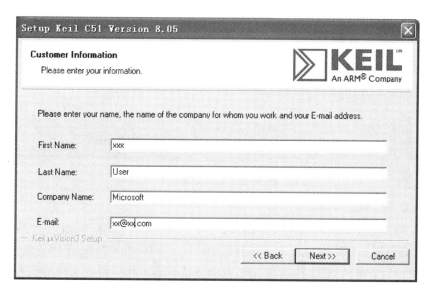

图 4−4　客户信息输入界面

（5）根据自己喜好，填写相关信息，然后点击"Next≫"按钮，进入实际安装过程，如图 4−5 所示。

（6）待蓝色方块全部填满后，自动跳出安装完成界面，如图 4−6 所示。

（7）安装完成，按实际需要勾选是否阅读发行说明，是否增加一个工程样例，这里可以把勾去掉，以节省时间。

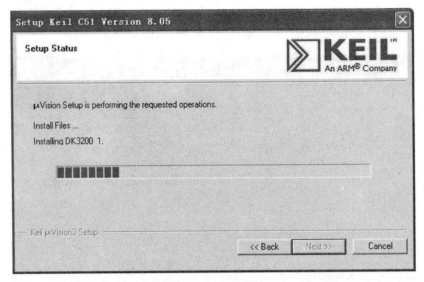

图 4 - 5   安装进行中

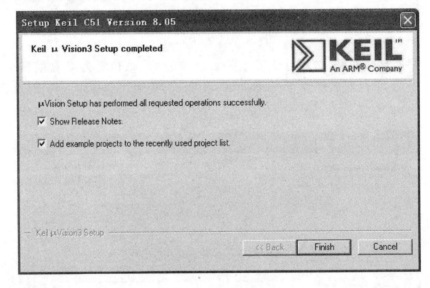

图 4 - 6   安装完成界面

3）添加 STC 单片机库

Keil C 内的单片机库以国外型号居多,并不包含 ZKRT - 300 机器人的 STC 微处理器,所以有必要增加 STC 单片机库。找到已经增加了 STC 单片机库的 UV3 文件,后缀名为 cdb,如图 4 - 7 所示,该文件可至 STC 官网免费下载。然后将此文件替换安装到 Keil 文件夹内。

图 4 - 7   STC 单片机库文件

4）Keil C 参数设置

在编写程序之前,我们要对软件平台进行一些简单的设置,具体设置步骤如下:

（1）运行 Keil μVision3,新建一个工程,如图 4 – 8 所示。

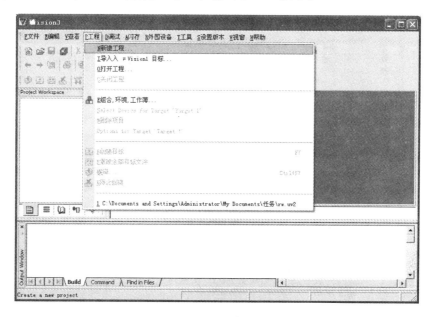

图 4 – 8　新建工程

（2）创建工程的保存路径,如图 4 – 9 所示。

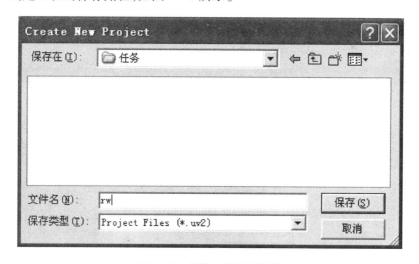

图 4 – 9　创建工程保存路径

（3）选择机器人处理器型号,如图 4 – 10 所示,ZKRT – 300 机器人使用的微处理器型号为 STC12C5A60S2。

（4）确定机器人处理器型号后,会弹出对话框如图 4 – 11 所示,平台询问是否增加 8051 标准头文件,这里选择"否"。

（5）对工程进行一些参数配置,用鼠标右键单击工程界面框里面的"Target 1"选择"Options for Target' Target 1'",如图 4 – 12 所示。

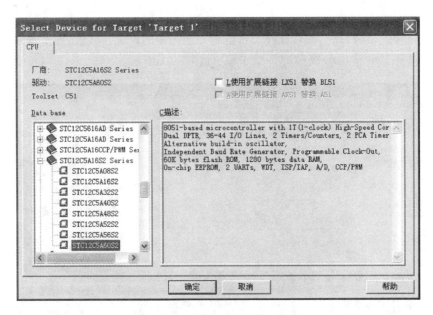

图 4-10　选择机器人处理器型号

图 4-11　对话框选项

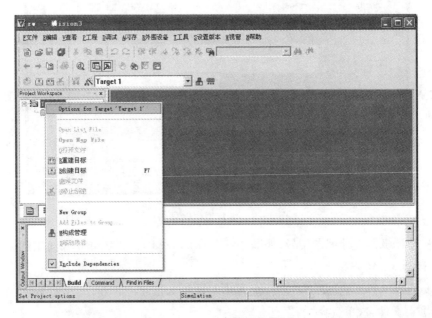

图 4-12　工程参数配置界面

（6）在弹出的对话框中我们点中目标,出现图 4-13 所示参数配置界面,将晶振改为 12MHz,这要和机器人控制系统中用的具体晶振相匹配。

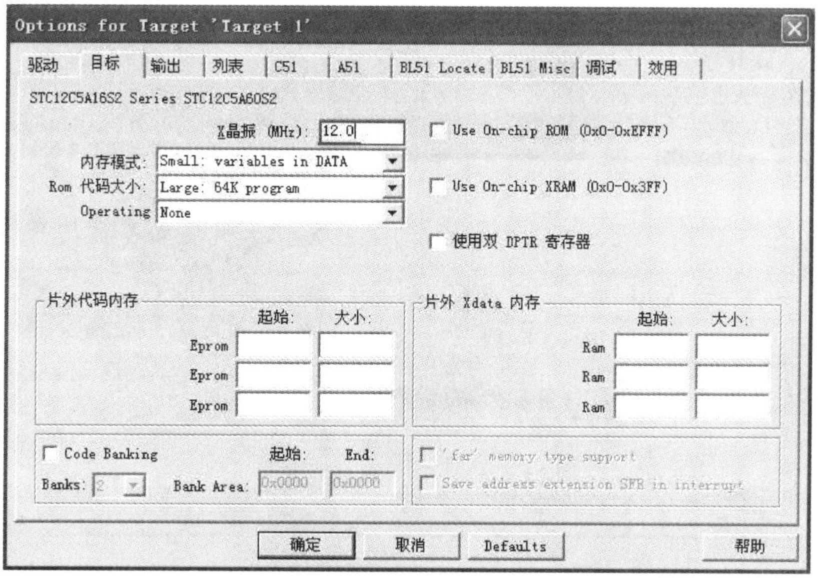

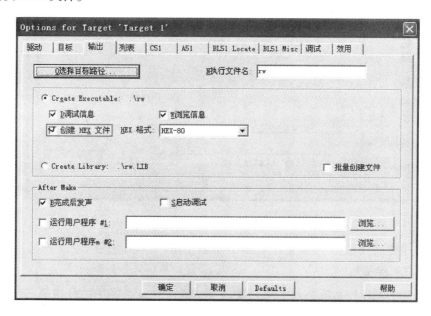

图 4-13   晶振设置界面

(7)我们再点击"输出"项,出现如图 4-14 所示界面,将"创建 HEX 文件"选项打上勾。HEX 文件是我们要从软件控制平台下载到机器人微处理器的文件,也就是说机器人最后只认 HEX 文件。

图 4-14   输出选项界面

(8)我们要把用户自己编写的程序文件(后缀为 *.c 的 C 程序)装载到软件中,建议开始就把程序文件放入工程文件夹里。具体操作是,右键单击"Source Group 1",选择子菜单"Add Files to Group 'Source Group 1'",如图 4-15 所示。

(9)如用户第一次使用机器人 ZKRT-300,可以加载产品附赠的初始程序,程序名

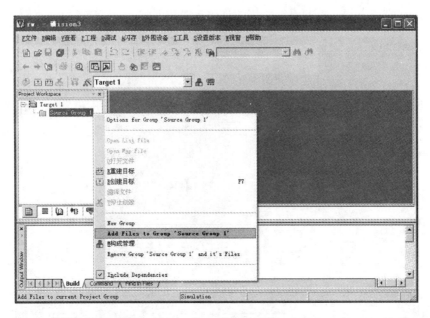

图 4 - 15 加载用户程序

为 ZKRT - 300 - TEST. c,然后再单击"Add"按钮就可以了,如图 4 - 16 所示。

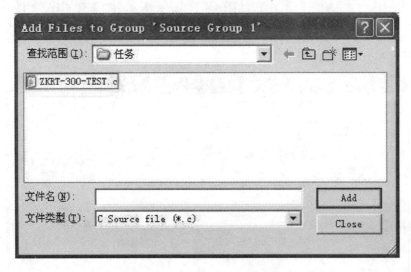

图 4 - 16 加载机器人附赠程序

(10) 这样,我们的工程就建好了,并且加载了用户程序,如图 4 - 17 所示。

2. 用户程序编写

下面,我们就以控制机器人手爪夹紧、后平移、松开 3 个简单动作为例,介绍如何运用机器人控制平台编写用户程序。

首先,在工程图界面(图 4 - 17),双击工程工作空间内文件"ZKRT - 300 - TEST. c",此时可以在右侧编辑窗内看到文本,这里就是我们编写程序代码的地方。我们先把原程序主函数内的内容清空至图 4 - 17 所示情况,然后再输入我们需要的机器人手爪控制程序,程序清单如图 4 - 18 所示。

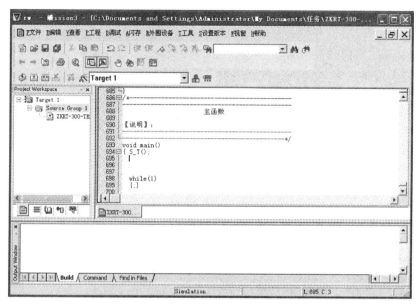

图 4−17　工程完成界面

```
/*---------------------------
---------------------------
                 主函数
【说明】:
---------------------------
---------------------------*/
void main()
{ S_T();

    DJ2_PY(qpy);  //用于复位为初始位置

    DJ1_JS(j);    //手爪夹紧
    DJ2_PY(hpy);  //手爪向后平移
    DJ1_JS(s);    //手爪松开

    while(1)
    {;}

}
```

图 4−18　程序清单

程序中双斜杠"//"后面的文字为注释,注释符除了"//"外,也可以用"/＊－－××－－＊/",所有注释在编译成 HEX 时均不会占用实际位置。程序编好后需要连接、编译,通过后才能生成 HEX 文件,操作为单击 这三个按钮中的第二个或者第三个,用得最多的是第三个,它是链接所相关文件进行编辑,当然我们在进行此操作之前要先把写好的程序保存,用户在编写程序的时候难免会出错或者粗心大意,这时我们就要学会看懂错误提示或错误警告,排错需要经验积累。试把上面程序中 DJ1_JS(j)后面的分号";"去掉,点击编译按钮,提示框内将出现如图 4−19 所示的错误提示。

它提示的意思是在 DJ1_JS 语句旁有错误,这是因为我们漏了分号";"。程序错误形

```
Build target 'Target 1'
compiling ZKRT-300-TEST.c...
ZKRT-300-TEST.C(700): error C141: syntax error near 'DJ1_JS'
Target not created
```

图 4−19　错误提示

形色色,例如标点不对、无定义项、括号的滥用等。提示除了错误外,还有警告,比如主程序未用到某段子程序,会警告用户有多余程序段。图 4 - 20 是编译成功后控制平台界面,界面底部提示框内有自动生成"rw"命名的 HEX 文件提示。此时只要将此 HEX 文件下载至机器人控制系统,机器人将依据用户编写程序要求完成相应动作。

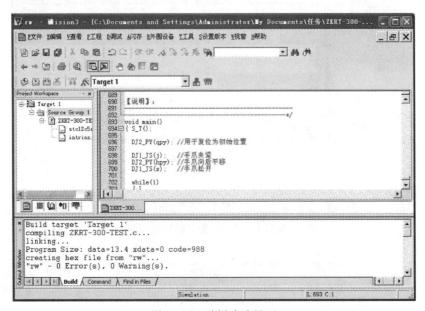

图 4 - 20 编译成功界面

3. 机器人程序下载

1)下载线驱动安装

如需将 HEX 文件下载至机器人控制系统,则需要一根 USB 转 RS232 驱动线,而首次使用驱动线需要安装驱动,具体步骤如下:

(1)将 USB 转 RS232 下载线插入计算机的 USB 接口中。

(2)将下载线的驱动光盘放入光驱中。

(3)选择 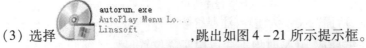,跳出如图 4 - 21 所示提示框。

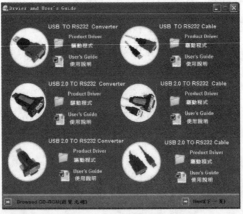

图 4 - 21 驱动选择提示框

（4）用户根据计算机系统和手头驱动线类型合理选择。

（5）安装驱动,如图 4 - 22 所示。

图 4 - 22　驱动安装提示框

（6）验证。打开设备管理器,查看是否有端口显示,如图 4 - 23 所示,端口号根据计算机状态可能会不同。

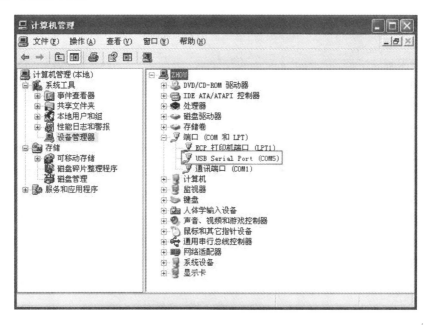

图 4 - 23　端口查看

2）程序下载软件介绍

大部分工作做完后,我们要将编写的程序代码(HEX 文件)下载到机器人的微处理器中,除了下载线还需要 STC 微处理器专用的程序下载软件"STC - ISP",此软件可于STC 官网免费下载。

下面我们以 V6.24 版本为例,简要介绍其使用方法。下载用户程序前先用 USB 转 RS232 连接线将用户计算机与机器人 ZKRT - 300 连接起来,做好下载前的准备,如图 4 - 24 所示。

图 4 - 24　机器人下载线连接示意图

然后双击打开软件,出现如图 4 - 25 所示界面。在界面中依次设置参数:

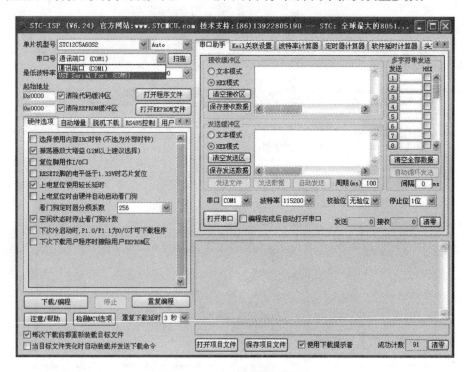

图 4 - 25　程序下载软件界面

(1) 单片机型号:STC12C5A60S2。

(2) 串口号:USB Serial Port (COM ?),具体数值与实时串口号对应,用户可在图 4 - 23 所示处查找或查看。

(3) 其他选项可根据用户需求自行修改,或采用默认值。

(4) 打开程序文件:出现如图 4 - 26 所示界面,选择用户需下载的 HEX 文件,例中文件名为"rw. hex",点击"打开"按钮,回到图 4 - 25 所示主界面。

（5）下载:界面右上角出现已经编译过的用户程序,单击"下载/编程"按钮,下载用户程序。

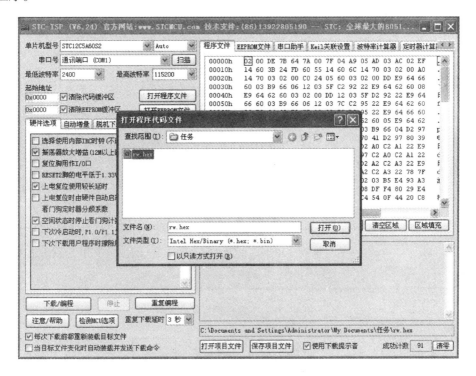

图 4 - 26　打开用户程序界面

（6）机器人下载操作:软件界面上按下"下载/编程"按钮后,再按下机器人控制面板上的 12V 按钮（给微处理器上电）,此时软件界面出现下载进度条,如图 4 - 27 所示,当进度条满格时,下载完毕。

4. 机器人动作

1）机器人复位

要确保机器人手爪初始位置在最前端,我们可以选择以下两种复位方式。

（1）手工复位:手动将机器人手爪移至最前端（从动轮处）,注意不要用力过猛,导致电机反向电动势过大损坏电路。

（2）自动复位:在程序中编写程序,让机器人自己复位,如图 4 - 20 中的"DJ2_PY（qpy）"语句。

2）机器人操作

此时,要看到机器人动作,我们必须正确打开按钮开关,机器人按键操作顺序如图 4 - 28 所示。

3）机器人动作验证

查看机器人实际动作与软件控制要求的动作是否一致,如果不同,检查程序或机器人自身电路。

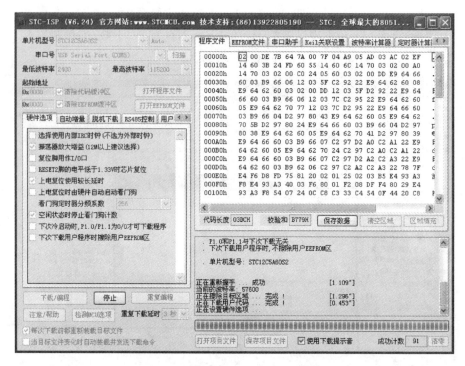

图 4 - 27　下载用户程序界面

图 4 - 28　按键组合顺序示意图

学习任务 2　上肢动作

【任务描述】

本任务主要学习如何控制机器人 ZKRT - 300 的上肢部分,实现其功能,上肢动作主要包括手爪夹紧与松开,手爪前后平移,手爪上升下降以及手爪前后回转。

【任务实施】

上肢动作有 4 个:手爪夹紧与松开,手爪前平移与后平移,手爪上升与下降以及手爪前回转(逆时针)与后回转(顺时针),这些动作都由各自的功能电机完成,故上肢动作的控制,实际上即为 4 个直流电机的控制(DJ1 ~ DJ4)。

1. 函数介绍

机器人 ZKRT - 300 出厂时,控制平台提供了一些常用函数,用户可以直接使用这些函数来控制机器人,其中用于控制上肢动作的有:

1) DJ1_JS(js)——手爪夹紧/松开

【函数功能】此函数为手爪夹紧/松开函数。

【函数说明】参数 js:选择手爪夹紧或者松开,夹紧(js = j)/松开(js = s) 设定。如:

116

DJ1_JS(j)表示手爪夹紧;DJ1_JS(s)表示手爪松开。

2) DJ2_PY(py)——手爪前平移/后平移

【函数功能】此函数为手爪前后平移函数。

【函数说明】参数 py:选择手爪向前或者向后平移,向前(py = qpy)/向后(py = hpy)设定。如:DJ2_PY(qpy)表示手爪向前平移;DJ2_PY(hpy)表示手爪向后平移。

3) DJ3_(sx,wz)——手爪上升/下降

【函数功能】此函数为手爪上下升降运动函数。

【函数说明】参数 sx:选择手爪上升或下降的动作,向上(sx = xs)/向下(sx = xx)设定。参数 wz:选择手爪上升或下降到达的位置,从上至下有 5 个位置,分别为 wz1(接近传感器 S05 处)、wz2(接近传感器 S06 处)、wz3(接近传感器 S07 处)、wz4(接近传感器 S08 处)、wz5(接近传感器 S09 处)。如:DJ3_(xx,wz3)表示手爪下降到位置 3 处;DJ3_(xs,wz1)表示手爪上升到位置 1 处。

4) DJ4_HZ(hz)——手爪前回转/后回转

【函数功能】此函数为手爪前后回转 90° 函数。

【函数说明】参数 hz:选择手爪前后回转(即顺时针或逆时针回转)90°,前回转(即逆时针回转)90°(hz = qhz)/后回转(即顺时针回转)90°(hz = hhz)设定。如:DJ4_HZ(qhz)表示手爪前回转(即逆时针回转)90°;DJ4_HZ(hhz)表示手爪后回转(即顺时针回转)90°。

2. 函数应用

1) 定点取料

有了上述 4 个功能函数,机器人就能完成定点取料动作,即一旦机器人到达工件存放台,就能从存放台上取工件放至机器人车身上,完成物料搬运。

例 1:在工件存放台上有 4 个工件,现需将其搬运至机器人车身上。注:存放区工件为左右各 2 个,如图 4-29 所示。

图 4-29 物料搬运任务示意图

机器人初始状态为手爪位于机器人右侧,升到位置 1,处于最前端,并且松开。控制程序如下:

(1) 右侧第一个工件搬运。

DJ2_PY(qpy);——————————— 手爪平移至最前端;

DJ3_SX(xx,wz4);——————— 手爪下降至 4 号位置；

DJ1_JS(j);——————— 手爪夹紧；

DJ3_SX(xs,wz1);——————— 手爪上升至 1 号位置,取安全高度,熟
练后可适当降低高度(如位置 3 处)以提高效率；

DJ2_PY(hpy);——————— 手爪平移至最后端；

DJ3_SX(xx,wz5);——————— 手爪下降至 5 号位置；

DJ1_JS(s);——————— 手爪松开。

(2) 右侧第二个工件搬运。

DJ3_SX(xs,w81);——————— 手爪上升至 1 号位置,同样熟练后可
降低高度,提高效率；

DJ2_PY(qpy);——————— 手爪平移至最前端；

DJ3_SX(xx,wz5);——————— 手爪下降至 5 号位置；

DJ1_JS(j);——————— 手爪夹紧；

DJ3_SX(xs,wz1);——————— 手爪上升至 1 号位置,同上；

DJ2_PY(hpy);——————— 手爪平移至最后端；

DJ3_SX(xx,wz4);——————— 手爪下降至 5 号位置；

DJ1_JS(s);——————— 手爪松开。

(3) 左侧第一个工件搬运。

DJ3_SX(xs,wz1);——————— 手爪上升至 1 号位置,同上；

DJ4_HZ(qhz);——————— 手爪前回转(逆时针)90°；

DJ4_HZ(qhz);——————— 手爪后回转(逆时针)90°,2 次回转即
手爪完成 180°回转,实现手爪从右侧位置到左侧位置来抓取；

DJ3_SX(xx,wz4);——————— 手爪下降至 4 号位置；

DJ1_JS(j);——————— 手爪夹紧；

DJ3_SX(xs,wz1);——————— 手爪上升至 1 号位置,同上；

DJ2_PY(qpy);——————— 手爪平移至最前端,特别提醒;手爪
180°回转后,前后端将颠倒,编程时需注意；

DJ3_SX(xx,wz5);——————— 手爪下降至 5 号位置；

DJ1_JS(s);——————— 手爪松开。

(4) 左侧最后一个工件搬运。

DJ3_SX(xs,wz1);——————— 手爪上升至 1 号位置,同上；

DJ2_PY(hpy);——————— 手爪平移至最后端；

DJ3_SX(xx,wz5);——————— 手爪下降至 5 号位置；

DJ1_JS(j);——————— 手爪夹紧；

DJ3_SX(xs,wz1);——————— 手爪上升至 1 号位置,同上；

DJ2_PY(qpy);——————— 手爪平移至最前端；

DJ3_SX(xx,wz4);——————— 手爪下降至 4 号位置；

DJ1_JS(s);——————— 手爪松开。

（5）机器人复位。

DJ3_SX（xs,wz1）；————————— 手爪上升至 1 号位置,最高处;

DJ4_HZ（hh8）；————————— 手爪后回转(顺时针)90°;

DJ4_HZ（hh2）；————————— 手爪后回转(顺时针)90°,回右侧。

　　工件搬运时,手爪松开/夹紧、前/后平移、上升/下降、前/后回转,4 个基本动作需按一定的逻辑顺序组合应用,切勿颠倒;同时升降位置有 5 个,抓放中需合理选择手爪抬起和放下的位置。

　　2）定点放料

　　机器人完成物料搬运后,运行至工件存放台,然后需将车身上工件安放至工件存放台上,同样由这 4 个函数实现上肢动作控制。

　　例 2:将机器人机身上的 4 个工件抓取 2 个放在工件存放台上(注:车身左右各取 1个),叠放至工件存放台,如图 4－30 所示。

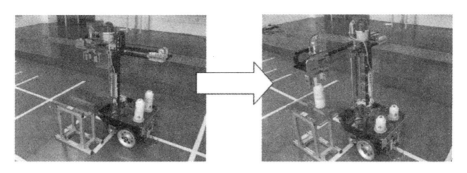

图 4－30　物料放置任务示意图

　　机器人初始状态为手爪位于机器人右侧,升到位置 1,处于最前端,并且松开。控制程序如下:

　　（1）右侧第一个工件放置。

DJ2_PY（hpy）；————————— 手爪平移至最后端;

DJ3_SX（xx,wz4）；————————— 手爪下降至 4 号位置;

DJ1_JS（j）；————————— 手爪夹紧;

DJ3_SX（xs,wz1）；————————— 手爪上升至 1 号位置,取安全高度,熟练后可适当降低高度(如位置 3 处)以提高效率;

DJ4_HZ（qhz）；————————— 手爪前回转(逆时针)90°;

DJ2_PY（qpy）；————————— 手爪平移至最前端;

DJ3_SX（xx,wz3）；————————— 手爪下降至 3 号位置,注意工作台高度;

DJ1_JS（s）；————————— 手爪松开。

　　（2）左侧最上面工件放置。

DJ3_SX（xs,wz1）；————————— 手爪上升至 1 号位置,同上;

DJ4_HZ（qhz）；————————— 手爪前回转(逆时针)90°,加上刚才一次共 180°,实现手爪从车身右侧到左侧;

DJ3_SX（xx,wz4）；————————— 手爪下降至 4 号位置;

DJ1_JS(j);————————————手爪夹紧;

DJ3_SX(xs,wz1);————————手爪上升至1号位置,同上;

DJ4_HZ(hhz);————————手爪后回转(顺时针)90°;

DJ3_SX(xx,wz2);————————手爪下降至2号位置;

DJ1_JS(s);————————————手爪松开。

（3）机器人复位。

DJ3_SX(xs,wz1);————————手爪上升至1号位置;

DJ4_HZ(hhz);————————手爪后回转(顺时针)90°。

物料放置时同样为4个功能函数的逻辑组合动作,需要按顺序完成,切勿颠倒;同时注意工作台高度,以工作台高度决定工件放置时下降到的位置。在技能大赛"机器人技术应用"比赛中,如只要求2个工件放到工作台上,并无叠放要求时,需要队伍制订策略,叠放有重复定位精度要求,但效率高;平放更保险,但需最后一个工件多下降一个传感器位置。

3. 注意事项

（1）注意上肢动作的逻辑组合,按序完成动作。

（2）在效率与安全中合理选择策略。

（3）机器人运行时,需实时监控,以免意外。

（4）机器人运行时,发现问题应及时切断24V电源。此时可以现场排除故障后续接任务,若切断12V电源,则程序必须重新运行。

学习任务3 底盘动作

【任务描述】

本任务主要学习如何控制机器人ZKRT-300的底盘部分,实现其功能。底盘动作主要包括前进、后退、左转、右转,在这基础上机器人才能完成循迹功能。

【任务实施】

1. 函数介绍

机器人ZKRT-300出厂时,控制平台提供的常用函数中,与底盘动作相关的有以下几个,用户可以直接使用这些函数来实现底盘功能。

1）delay_ms(T)——延时

【函数功能】此函数为毫秒级延时函数。

【函数说明】参数T:用于调用时的延时时间设置,T的取值范围是0~65535。如delay_ms(1000)表示延时时间为1s。特别说明,用此函数延时,延时时间并不精确。

2）stop(m)——电机停止

【函数功能】此函数为电机停止函数。

【函数说明】参数m:选择电机,l代表左行走电机,r代表右行走电机,rl代表同时选择左右行走电机;DJ1代表手爪电机;DJ2代表平移电机;DJ3代表升降电机;DJ4代表回转电机,即此函数可以停止机器人全身6个电机中的任何1只。如stop(rl),表示左右行走电机同时停止,机器人将停在当前位置。

3) FOLL_LINE(S_B,R_B,L_B,ti)——循线计数

【函数功能】此函数为 8 位循线传感器循线计数函数。

【函数说明】参数 S_B:循线时行走基准速度设置(即循线时机器人行走基本速度),范围 1~100;参数 R_B:循线时右行走电机基准速度设置(即循线时右行走电机的基本速度,用于循线微调),范围 1~100;参数 L_B:循线时左行走电机基准速度设置(即循线时左行走电机的基本速度,用于循线微调),范围 1~100;参数 ti:循线条数设置(即寻到设定条数时会跳出此函数),范围 1~255。如:FOLL_LINE(70,70,70,3)表示机器人以70% 的速度沿白色引导线前进到第 3 条十字交叉处。注:此函数无停止功能,如到第 3 条白线后机器人跳出函数,即失去循线功能,但此时机器人并不停止,还将继续动作。

4) TURN_90(e,r_s,l_s,qc_t,pb_t,end_t)——机器人转弯(90°)

【函数功能】此函数为机器人旋转 90°(即寻找与前进方向 90°交叉的白条)。

【函数说明】参数 e:选择机器人左转或右转,l 左转 90°,r 右转 90°。参数 r_s:转弯右电机速度设置(即转弯时右电机的速度),范围 1~100;参数 l_s:转弯左电机速度设置(即转弯时左电机的速度),范围 1~100;参数 qc_t:机器人检测到白色引导条后继续前进到转弯位置,根据前进速度调整,范围 0~65535;参数 end_t:机器人转弯中指定传感器检测到白色引导条的时间,根据转弯时速度调整,范围 0~65535,通常取默认值即可。如:TURN_90(1,50,50,2900,500,2)表示机器人左转 90°,具体动作为机器人检测到白色引导条后继续前进 2.9s(2900),以 50% 的速度左转,然后在转弯时屏蔽 8 路循线传感器时间 0.5s,到指定传感器信号位重新检测到白色引导条,再继续转弯 2ms(克服惯性),完成转弯。qc_t 实际为前冲距离,因循线传感器安装在机器人前端,故在传感器检测到信号时机器人车身尚未到位,需继续往前一段距离然后才能转弯。而 pb_t 则为防止机器人在转弯时循线传感器干扰,先屏蔽一段时间,待机器人转弯完成后再重新打开,继续循线。函数中这两个时间需要在实际工作中测试选择,并随电量动态调整。

2. 函数应用

1) 进工作站

机器人按现场场地图,先需从出发区出发到工件存放区站点取工件,定点取料已经在任务 2 中完成,接下来就是要控制机器人按地面地图进入工作站,机器人循线原理如图 4-31 所示,进站任务如图 4-32 所示。

机器人初始状态为手爪位于机器人右侧,升到位置 1,处于最前端,并且松开。进站控制程序如下:

FOLL_LINE(50,50,50,2);————————机器人以 50% 速度循线到第 2 条白线十字交叉处;

TURN_90(1,40,40,1700,900,2);————机器人以 40% 速度左转,前冲时间 1.7s,循线传感器屏蔽时间 0.9s,两处参数需现场调试确定;

FOLL_LINE(40,40,40,1);————————机器人完成转弯后继续以 40% 速度循线到第 1 条白线十字交叉处;

delay_ms(800);——————————————延时 0.8s,即机器人继续保持当前

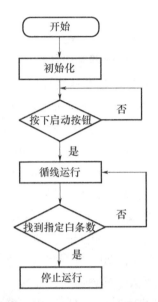

图 4 – 31　机器人循线原理图

图 4 – 32　机器人进站任务示意图

速度(40)前进 0.8 s,进入站点,此时机器人前端定位块将插入工作站上的定位销,以实现站点定位;

　　stop(rl);————————————————停止左右行走电机。

　　如果机器人循线进入不了工作站,即前端定位块无法插到工作站定位销,则需调整转弯参数,修正机器人转弯精确度。比赛中可能还需修正循线函数参数,以确保机器人精确循线。

　　2) 路径规划

　　机器人从工件存放区搬取工件后,从站点出发去目标工位,需要路径规划,合理选择循线道路。路径规划具体包括:①从工件存放台出发去某一目标工位;②从当前工位出发去下一个目标工位。

　　路径规划原则及优先级依次为:①路径安全。机器人途径路径需安全有效,不得有碰擦其他工位或已安放工件的风险。②时间最少。从当前位置到目标位置耗时最少,此时需要权衡直线距离与转弯次数。③最短距离。从当前位置到目标位置距离最短。④路径规避。从当前位置到目标位置路径选择时避开某个(或某段)道路,如工件存放台、圆弧等。⑤避开拥堵。当场地上有 2 台及以上机器人同时运行时,还需考虑道路拥堵程度。优先级别按编号依次下降,如当道路安全和最短距离冲突时,应优先考虑道路安全。

例3:机器人运行场地平面图如图 4 - 33 所示,机器人在 1 号工位完成物料安放后,出发去 5 号工位接着安放物料,机器人车头当前朝向 2 号工位,请作出合理的路径规划。

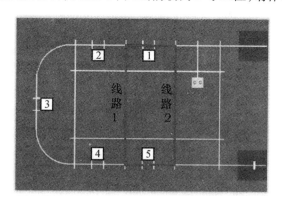

图 4 - 33　机器人场地平面图

按最短距离原则,从 1 号工位去 5 号工位线路 1 和线路 2 距离最短;考虑出发前机器人朝向,如果选线路 2 则需先回转 180°,而线路 1 则可以不作调整直接出发,按时间最少原则,线路 1 为最优路线。具体程序如下:

FOLL_LINE(50,50,50,2);————————以 50% 速度循 2 条线;

TURN_90(1,40,40,1900,600,2);————以 40% 速度左转;

FOLL_LINE(50,50,50,3);————————以 50% 速度循 3 条线;

TURN_90(1,40,40,1900,600,2);————以 40% 速度左转;

FOLL_LINE(50,50,50,1);————————以 50% 速度循 1 条线;

delay_ms(300);————————————延时 0.3s,过交叉线;

stop(rl);—————————————————停止左右电机。

3. 注意事项

(1) 机器人运行时,发现问题应及时切断 24V 电源。

(2) 机器人运行时,人应在一边查看。

学习任务4　物料自动堆垛与载运

【任务描述】

本任务在学习了机器人控制平台、上肢和底盘动作的基础上,进一步将前面所学内容融会贯通,学会让机器人完成完整任务,并会举一反三。

【任务实施】

1. 任务描述

在如图 4 - 34 所示场地图中,按顺序完成以下任务:

(1) 让机器人从出发区启动运行。

（2）机器人沿白色引导线前进,运行至工件存放区抓取8个工件。

（3）机器人在1号工位上摆放2个工件;在4号工位上摆放1个工件;在3号工位上摆放2个工件;在2号工位上摆放1个工件;在5号工位上摆放2个工件。注:工件无编号,工位摆放无先后顺序。

（4）机器人继续运行至终点区停止,任务完成。

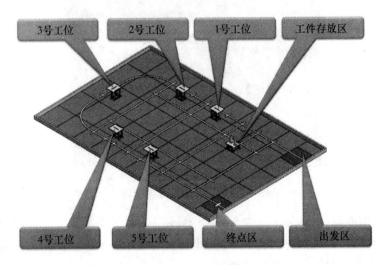

图4-34　场地示意图

2. 任务思路

整个任务按先后顺序可以划分为出发进站、抓取工件、去目标工位、放目标工件、回终点五个步骤,而最核心的是两个部分:路径规划和工件抓放。按此思路规划任务流程图如图4-35所示。

3. 编程实施

按流程图思路,最终任务程序编写如下:

1）机器人初始化

```
S_T();            //初始化
DJ1_JS(s);        //手爪松开
DJ3_SX(xs,wz1);   //手爪上升至最高处
DJ2_PY(qpy);      //手爪平移至最前端
```

2）机器人进站

```
FOLL_LINE(70,70,70,2);
TURN_90(1,40,40,1700,900,2);
FOLL_LINE(40,40,40,1);
delay_ms(800);
stop(rl);
delay_ms(1000);
```

3）抓取8个工件

```
DJ3_SX(xx,wz2);   //第1个工件
DJ1_JS(j);
```

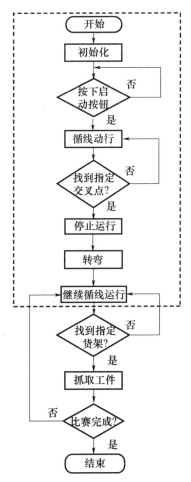

图 4 – 35　任务流程图

```
DJ3_SX(xs,wz1);
DJ2_PY(hpy);
DJ3_SX(xx,wz5);
DJ1_JS(s);
DJ3_SX(xs,wz2);
DJ2_PY(qpy);


DJ3_SX(xx,wz3);    //第 2 个工件
DJ1_JS(j);
DJ3_SX(xs,wz2);
DJ2_PY(hpy);
DJ3_SX(xx,wz4);
DJ1_JS(s);
DJ3_SX(xs,wz3);
DJ2_PY(qpy);


DJ3_SX(xx,wz4);    //第 3 个工件
```

```
    DJ1_JS(j);
    DJ3_SX(xs,wz2);
    DJ2_PY(hpy);
    DJ3_SX(xx,wz3);
    DJ1_JS(s);
    DJ3_SX(xs,wz2);
    DJ2_PY(qpy);

    DJ3_SX(xx,wz5);    //第 4 个工件
    DJ1_JS(j);
    DJ3_SX(xs,wz1);
    DJ2_PY(hpy);
    DJ3_SX(xx,wz2);
    DJ1_JS(s);
    DJ3_SX(xs,wz1);

    DJ4_HZ(qhz);       //至另一侧
    DJ4_HZ(qhz);

    DJ3_SX(xx,wz2);    //第 5 个工件
    DJ1_JS(j);
    DJ3_SX(xs,wz1);
    DJ2_PY(qpy);
    DJ3_SX(xx,wz5);
    DJ1_JS(s);
    DJ3_SX(xs,wz2);
    DJ2_PY(hpy);

    DJ3_SX(xx,wz3);    //第 6 个工件
    DJ1_JS(j);
    DJ3_SX(xs,wz2);
    DJ2_PY(qpy);
    DJ3_SX(xx,wz4);
    DJ1_JS(s);
    DJ3_SX(xs,wz3);
    DJ2_PY(hpy);

    DJ3_SX(xx,wz4);    //第 7 个工件
    DJ1_JS(j);
    DJ3_SX(xs,wz2);
    DJ2_PY(qpy);
```

```
DJ3_SX(xx,wz3);
DJ1_JS(s);
DJ3_SX(xs,wz2);
DJ2_PY(hpy);


DJ3_SX(xx,wz5);    //第 8 个工件
DJ1_JS(j);
DJ3_SX(xs,wz1);
DJ2_PY(qpy);
```

4）机器人出站

```
motor(r,b,30);     //行走电机以 30 速度后退
motor(l,b,30);
delay_ms(5200);    //退到合适位置
stop(rl);          //机器人暂停
TURN_90(r,30,30,0,600,2);    //以 30 速度右转,回到轨迹上
```

5）至目标工位放相应工件

（1）1 号工位放 2 个工件。

```
FOLL_LINE(40,40,40,2);    //前进至 1 号工位
delay_ms(500);
stop(rl);                 //停在 1 号工位


DJ4_HZ(hhz);              //放第 1 个工件
DJ3_SX(xx,wz3);
DJ1_JS(s);
DJ3_SX(xs,wz1);           //手爪复位


DJ4_HZ(hhz);              //放第 2 个工件
DJ2_PY(hpy);
DJ3_SX(xx,wz2);
DJ1_JS(j);
DJ3_SX(xs,wz1);
DJ4_HZ(qhz);
DJ2_PY(qpy);
DJ3_SX(xx,wz2);
DJ1_JS(s);
DJ3_SX(xs,wz1);           //手爪复位
DJ4_HZ(qhz);
```

（2）4 号工位放 1 个工件。

```
FOLL_LINE(50,50,50,2);    //前进至 4 号工位
TURN_90(l,40,40,1900,600,2);
FOLL_LINE(50,50,50,3);
```

```
        TURN_90(r,40,40,1900,600,2);
        FOLL_LINE(50,50,50,1);
        delay_ms(300);
        stop(rl);              //停在 4 号工位

        DJ3_SX(xx,wz3);        //放 1 个工件
        DJ1_JS(j);
        DJ3_SX(xs,wz2);
        DJ4_HZ(hhz);
        DJ2_PY(hpy);
        DJ3_SX(xx,wz3);
        DJ1_JS(s);
        DJ3_SX(xs,wz2);        //手爪复位
        DJ4_HZ(hhz);
```

（3）3 号工位放 2 个工件。

```
        FOLL_LINE(60,60,60,3);  //前进至 3 号工位
        delay_ms(300);
        stop(rl);               //停在 3 号工位

        DJ3_SX(xx,wz3);        //放第 1 个工件
        DJ1_JS(j);
        DJ3_SX(xs,wz2);
        DJ4_HZ(qhz);
        DJ3_SX(xx,wz3);
        DJ1_JS(s);
        DJ3_SX(xs,wz2);        //手爪复位

        DJ4_HZ(hhz);           //放第 2 个工件
        DJ3_SX(xx,wz4);
        DJ1_JS(j);
        DJ3_SX(xs,wz1);
        DJ4_HZ(qhz);
        DJ3_SX(xx,wz2);
        DJ1_JS(s);
        DJ3_SX(xs,wz1);        //手爪复位
        DJ4_HZ(qhz);
        DJ2_PY(qpy);
```

（4）2 号工位放 1 个工件。

```
        FOLL_LINE(60,60,60,3);  //前进至 2 号工位
        delay_ms(300);
        stop(rl);               //停在 2 号工位
```

```
    DJ3_SX(xx,wz4);        //放1个工件
    DJ1_JS(j);
    DJ3_SX(xs,wz2);
    DJ4_HZ(hhz);
    DJ2_PY(hpy);
    DJ3_SX(xx,wz3);
    DJ1_JS(s);
    DJ3_SX(xs,wz2);        //手爪复位
    DJ4_HZ(hhz);
```

(5) 5 号工位放 2 个工件。

```
    FOLL_LINE(70,70,70,2);    //前进至 5 号工位
    TURN_90(r,40,40,1900,600,2);
    FOLL_LINE(70,70,70,3);
    TURN_90(1,40,40,1900,600,2);
    FOLL_LINE(70,70,70,1);
    delay_ms(200);
    stop(rl);                 //停在 5 号工位

    DJ3_SX(xx,wz5);           //放第 1 个工件
    DJ1_JS(j);
    DJ3_SX(xs,wz2);
    DJ4_HZ(qhz);
    DJ2_PY(qpy);
    DJ3_SX(xx,wz3);
    DJ1_JS(s);
    DJ3_SX(xs,wz1);           //手爪复位

    DJ4_HZ(qhz);              //放第 2 个工件
    DJ3_SX(xx,wz5);
    DJ1_JS(j);
    DJ3_SX(xs,wz1);
    DJ4_HZ(hhz);
    DJ3_SX(xx,wz2);
    DJ1_JS(s);
    DJ3_SX(xs,wz1);           //手爪复位
    DJ4_HZ(hhz);
```

6) 机器人回终点

```
    FOLL_LINE(80,80,80,4);
    stop(rl);
```

4.4 项 目 评 价

项目评价见表4-1。

表4-1 项目评价表

项目名称		项目4 机器人 ZKRT-300 的控制			
评价方式	评价模块	评价内容		分值	得分
自评 40%	学习能力	逐一对照项目知识目标,根据实际掌握情况打分		7	
	动手能力	逐一对照项目技能目标,根据实际掌握情况打分		7	
	协作能力	在分组任务学习过程中,自己的团队协作能力		6	
	完成情况	学习任务1完成程度		5	
		学习任务2完成程度		5	
		学习任务3完成程度		5	
		学习任务4完成程度		5	
组评 30%	组内贡献	组内测评个人在小组任务学习过程中的贡献值		10	
	团队协作	组内测评个人在小组任务学习过程中的协作程度		10	
	技能掌握	对照项目技能目标,组内测评个人掌握程度		10	
师评 30%	学习态度	个人在项目学习过程中,参与的积极性		10	
	知识构建	个人在项目学习过程中,知识、技能掌握情况		10	
	创新能力	个人在项目学习过程中,表现出的创新思维、动作、语言等		10	
学生姓名		小组编号	总分	100	

4.5 项 目 总 结

通过本项目的学习,学生可以熟练掌握以下内容:

(1) 机器人 ZKRT-300 的控制平台操作。

(2) 机器人 ZKRT-300 的上肢动作控制。

(3) 机器人 ZKRT-300 的底盘动作控制。

(4) 机器人 ZKRT-300 的物料自动堆垛与载运。

4.6 项 目 拓 展

在本项目学习任务4中,我们完成了机器人的一个完整任务,但是该任务中工件是没有编号的,而在实际场合中,往往会要求在指定工位上摆放指定编号的工件,这种带编号的任务如何完成呢? 接下来我们再来学习一个案例。

1. 任务描述

在图4-34所示场地图中,按顺序完成以下任务:

(1) 让机器人从出发区启动运行。

（2）机器人沿白色引导线前进,运行至工件存放区抓取 8 个工件,工作站上左侧(靠近出发区侧)从下往上工件编号为 1~4,右侧(靠近 1 号工位侧)从下往上工件编号为 5~8。

（3）机器人在 1 号工位上摆放 1 号、5 号工件;在 5 号工位上摆放 2 号工件;在 2 号工位上摆放 6 号、7 号工件;在 3 号工位上摆放 3 号工件;在 4 号工位上摆放 4 号、8 号工件。注:每个工位摆放无先后顺序。

（4）机器人继续运行至终点区停止,任务完成。

2. 编程实施

1）机器人初始化

```
S_T();
DJ1_JS(s);
DJ3_SX(xs,wz1);
DJ2_PY(qpy);
```

2）机器人进站

```
FOLL_LINE(70,70,70,2);
TURN_90(1,40,40,1700,900,2);
FOLL_LINE(40,40,40,1);
motor(l,f,20);    //车身微调
motor(r,f,50);
 delay_ms(800);
 stop(rl);
delay_ms(1000);
```

3）抓取 8 个工件

```
DJ3_SX(xx,wz2);   //8 号工件
DJ1_JS(j);
DJ3_SX(xs,wz1);
DJ2_PY(hpy);
DJ3_SX(xx,wz5);
DJ1_JS(s);
DJ3_SX(xs,wz2);
DJ2_PY(qpy);

DJ3_SX(xx,wz3);   //7 号工件
DJ1_JS(j);
DJ3_SX(xs,wz2);
DJ2_PY(hpy);
DJ3_SX(xx,wz4);
DJ1_JS(s);
DJ3_SX(xs,wz3);
DJ2_PY(qpy);
```

```
DJ3_SX(xx,wz4);    //6 号工件
DJ1_JS(j);
DJ3_SX(xs,wz2);
DJ2_PY(hpy);
DJ3_SX(xx,wz3);
DJ1_JS(s);
DJ3_SX(xs,wz2);
DJ2_PY(qpy);

DJ3_SX(xx,wz5);    //5 号工件
DJ1_JS(j);
DJ3_SX(xs,wz1);
DJ2_PY(hpy);
DJ3_SX(xx,wz2);
DJ1_JS(s);
DJ3_SX(xs,wz1);

DJ4_HZ(qhz);      //至另一侧
DJ4_HZ(qhz);

DJ3_SX(xx,wz2);    //4 号工件
DJ1_JS(j);
DJ3_SX(xs,wz1);
DJ2_PY(qpy);
DJ3_SX(xx,wz5);
DJ1_JS(s);
DJ3_SX(xs,wz2);
DJ2_PY(hpy);

DJ3_SX(xx,wz3);    //3 号工件
DJ1_JS(j);
DJ3_SX(xs,wz2);
DJ2_PY(qpy);
DJ3_SX(xx,wz4);
DJ1_JS(s);
DJ3_SX(xs,wz3);
DJ2_PY(hpy);

DJ3_SX(xx,wz4);    //2 号工件
DJ1_JS(j);
DJ3_SX(xs,wz2);
```

```
DJ2_PY(qpy);
DJ3_SX(xx,wz3);
DJ1_JS(s);
DJ3_SX(xs,wz2);
DJ2_PY(hpy);

DJ3_SX(xx,wz5);   //1 号工件
DJ1_JS(j);
DJ3_SX(xs,wz1);
DJ2_PY(qpy);
```

4）机器人出站

```
motor(r,b,30);
motor(l,b,30);
delay_ms(5200);
stop(rl);
TURN_90(r,30,30,0,600,2);
```

5）至目标工位放相应工件

（1）1 号工位放 1、5 号工件。

```
FOLL_LINE(40,40,40,2);//前进至 1 号工位
delay_ms(500);
stop(rl);

DJ4_HZ(hhz);     //放 1 号工件
DJ3_SX(xx,wz3);
DJ1_JS(s);
DJ3_SX(xs,wz1);//手爪复位
DJ4_HZ(hhz);     //放 5 号工件
DJ2_PY(hpy);
DJ3_SX(xx,wz2);
DJ1_JS(j);
DJ3_SX(xs,wz1);
DJ4_HZ(qhz);
DJ2_PY(qpy);
DJ3_SX(xx,wz2);
DJ1_JS(s);
DJ3_SX(xs,wz1);//手爪复位
DJ4_HZ(qhz);
```

（2）5 号工位放 2 号工件。

```
FOLL_LINE(50,50,50,2);//前进至 5 号工位
TURN_90(l,40,40,1900,600,2);
FOLL_LINE(50,50,50,3);
```

```
    TURN_90(1,40,40,1900,600,2);
    FOLL_LINE(50,50,50,1);
    delay_ms(300);
    stop(rl);


    DJ3_SX(xx,wz3); //放 2 号工件
    DJ1_JS(j);
    DJ3_SX(xs,wz2);
    DJ4_HZ(hhz);
    DJ3_SX(xx,wz3);
    DJ1_JS(s);
    DJ3_SX(xs,wz2); //手爪复位
    DJ4_HZ(hhz);
    DJ2_PY(hpy);
```

（3）2 号工位放 6、7 号工件。

```
    FOLL_LINE(60,60,60,2);   //前进至 2 号工位
    TURN_90(1,40,40,1900,600,2);
    FOLL_LINE(50,50,50,3);
    TURN_90(1,40,40,1900,600,2);
    FOLL_LINE(50,50,50,4);
    delay_ms(300);
    stop(rl);


    DJ3_SX(xx,wz3); //放 6 号工件
    DJ1_JS(j);
    DJ3_SX(xs,wz2);
    DJ4_HZ(qhz);
    DJ2_PY(qpy);
    DJ3_SX(xx,wz3);
    DJ1_JS(s);
    DJ3_SX(xs,wz2); //手爪复位
    DJ4_HZ(hhz);      //放 7 号工件
    DJ2_PY(hpy);
    DJ3_SX(xx,wz4);
    DJ1_JS(j);
    DJ3_SX(xs,wz1);
    DJ4_HZ(qhz);
    DJ2_PY(qpy);
    DJ3_SX(xx,wz2);
    DJ1_JS(s);
    DJ3_SX(xs,wz1); //手爪复位
```

```
       DJ4_HZ(qhz);
```

(4) 3 号工位放 3 号工件。

```
       FOLL_LINE(60,60,60,3);   //前进至 3 号工位
       delay_ms(300);
       stop(rl);


       DJ3_SX(xx,wz4); //放 3 号工件
       DJ1_JS(j);
       DJ3_SX(xs,wz2);
       DJ4_HZ(hhz);
       DJ3_SX(xx,wz3);
       DJ1_JS(s);
       DJ3_SX(xs,wz2); //手爪复位
       DJ4_HZ(hhz);
       DJ2_PY(hpy);
```

(5) 4 号工位放 4、8 号工件。

```
       FOLL_LINE(60,60,60,3);   //前进至 4 号工位
       delay_ms(200);
       stop(rl);


       DJ3_SX(xx,wz5); //放 4 号工件
       DJ1_JS(j);
       DJ3_SX(xs,wz2);
       DJ4_HZ(qhz);
       DJ2_PY(qpy);
       DJ3_SX(xx,wz3);
       DJ1_JS(s);
       DJ3_SX(xs,wz1); //手爪复位
       DJ4_HZ(qhz);      //放 8 号工件
       DJ3_SX(xx,wz5);
       DJ1_JS(j);
       DJ3_SX(xs,wz1);
       DJ4_HZ(hhz);
       DJ3_SX(xx,wz2);
       DJ1_JS(s);
       DJ3_SX(xs,wz1);
       DJ4_HZ(hhz);
```

6) 机器人回终点

```
       FOLL_LINE(80,80,80,7);
       stop(rl);
```

4.7 项目巩固

4.7.1 选择题

1. STC12C5A60S2 是____。

A CPU   B 逻辑处理器   C 单片微机   D 控制器

2. 人们实现对机器人的控制不包括____。

A 输入   B 输出   C 程序   D 反应

3. 机器人感知自身或者外部环境变化信息是依靠____。

A 传感系统   B 机构部分   C 控制系统   D 以上都包括

4. 一片 LMD18200 可以控制____台直流电机的正反转。

A 1   B 2   C 3   D 4

5. 函数 stop(rl) 实现的功能是____。

A 停止左电机   B 停止右电机   C 同时停止左右电机   D 以上都不是

6. S_T( ) 函数包括____。

A 端口设置、PCA 时钟源   B 控制寄存器、计数初值

C 启动按键   D 以上都是

7. 下图中,若 LPWM = 0V,LDIR = 5V,则接在 OUT1 和 OUT2 之间的直流电机运行状态为____。

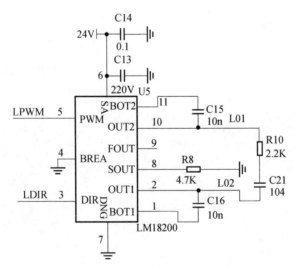

A 正转   B 反转   C 不转   D 无法判定

8. DJ3_SX(xx, wz2) 表示手爪下降到位置2,检测的是____。

A 接近开关 S05   B 接近开关 S06   C 接近开关 S08   D 接近开关 S09

9. 机器人在循线中,向右偏离中央,可以采取____方法使之回到中央。

A 右轮加速,左轮减速   B 右轮减速,左轮加速

C 左右轮转速不变   D 左右轮反转

10. 机器人需要右转 90°，＿＿＿ 操作使之转弯半径最小。

A　右轮比左轮快，转向不变　　　　　　B　右轮转向不变，左轮反转

C　左轮转向不变，右轮反转　　　　　　D　左轮比右轮快，转向不变

4.7.2　判断题

1. (　　　) ZKRT – 300 机器人采用了循线运行方式。

2. (　　　) FOLL_FINE(70,70,70,3)；表示平台沿引导线前进检测到 3 条交叉引导线。

3. (　　　) 函数 motor(r, f, 50) 中 r 是左行走电机。

4. (　　　) 函数 motor(r, f, 50) 中 f 是前进。

5. (　　　) ZKRT – 300 机器人上部机构的 4 个直流电机转速是可调的。

6. (　　　) 在允许的条件下，单片机的晶振频率越高，单片机指令执行时间越短。

7. (　　　) S_T() 函数只需在主程序开始时调用一次即可。

8. (　　　) delay_ms(T) 函数参数 T 的取值范围是 1 ~ 65536。

9. (　　　) 函数 motor(DJ1, f, n) 中 n 不可以任意写。

10. (　　　) 使用 TURN_90 旋转 90°函数让机器人左转 270°最简单快速的方式是让机器人右转 90°。

4.7.3　思考题

1. 机器人 ZKRT – 300 上肢电机有几个？能实现什么动作？

2. 机器人 ZKRT – 300 底盘电机有几个？能实现什么动作？

3. 控制机器人 ZKRT – 300 完成手爪夹紧动作，需要用到哪些软件，分几步操作？

4. 如机器人已经进站，要取站内左则 4 个工件（无编号），试编写其上肢动作控制程序。

5. 试在图 4 – 34 所示场地图上，用 5 条不同的线路从出发区去 5 号工位，并从中选出最优的线路。

6. 试独立操作机器人 ZKRT – 300，完成手爪下降至中间位置后手爪夹紧动作，编写控制程序并记录出现的问题。

7. 机器人 ZKRT – 300 从工作站取 8 个工件（无编号，双侧 4 个），需要多少次回转？

8. 如果机器人从出发区出发，第一次未顺利进站，该如何调整？

9. 机器人在任务过程中，发现到目标工位出错，应如何操作？试分析可能原因。

10. 将项目拓展任务工作站左右两侧工件交换，试重新编写控制程序，完成任务。

项目 5   机器人 ZKRT – 300 的维护

5.1   项 目 描 述

本项目主要介绍机器人 ZKRT – 300 的维护,包括机器人维护原则,机器人组件维护与保养和机器人维护与修理。

5.2   项 目 目 标

5.2.1   知识目标

(1) 了解机器人 ZKRT – 300 内部工作原理。

(2) 理解机器人维护与保养目的和原则。

(3) 掌握机器人电源、机械、电气组件的维护与保养方法及注意事项。

(4) 掌握机器人常见故障处理手段,分析故障原因,及时排除故障。

5.2.2   技能目标

(1) 能在生产或学习实践中,遵守机器人维护原则,安全有序地做好机器人保养与维护工作。

(2) 会填写机器人点检卡,发现问题及时处理。

(3) 能排除机器人出现的一些常见故障。

(4) 能在分组任务学习过程中,锻炼团队协作能力。

5.3   项 目 实 施

学习任务 1   机器人维护原则

【任务描述】

本任务主要学习机器人设备管理与维护的基本原则,可简要归纳为"三好"、"四会"、"五纪律"。

【任务实施】

1."三好"

机器人的维护要规范化、系统化,并具有可操作性,基本要求可概括为"三好",即"管好、用好、修好"。

1）管好机器人

机器人的维护保养必须要有专门的管理人员,管理员要掌握企业(或实验室)机器人的数量、质量及其变动情况,合理配置机器人设备。严格执行关于机器人设备的移装、调拨、借用、出租、封存、报废、改装及更新等有关管理制度,保证财产的完整齐全,保持其完好和价值。而机器人设备操作人员则必须管好机器人的使用,未经批准不准他人使用,使用前安排培训,达到要求后执行持证上岗,杜绝无证操作现象。

2）用好机器人

企业管理者(或实验室负责人)应教育机器人操作人员正确使用和精心维护好机器人设备,生产(或学习)应依据机器的能力合理安排,不得有超性能使用和拼设备之类的短期化行为。操作人员必须严格遵守操作维护规程,不超负荷使用及采取不文明的操作方法,要认真进行日常保养和定期维护,使机器人设备保持"整齐、清洁、润滑、安全"的标准。

3）修好机器人

企业安排机器人生产(或实验室安排机器人培训)时应考虑和预留维修时间,防止机器人"带病"运行。操作人员要配合维修人员修好设备,及时排除故障。要贯彻"预防为主,养为基础"的原则,实行计划预防修理制度,广泛采用新技术、新工艺,保证修理质量,缩短停机时间,降低修理费用,提高机器人的各项技术经济指标。

2. "四会"

"四会"即"会用、会养、会查、会排"。具体为:

1）会使用

机器人操作人员在具体操作前应熟悉设备结构、技术性能和操作方法,懂得操作流程。会合理选择机器人承载质量、运行速度等性能参数,按技术文件操作,正确地使用机器人设备。

2）会保养

会按技术说明书,在机器人设备规定部位加油、换油,保持油路畅通,油品正确、合格。会按规定进行一级保养,保持设备内外清洁,做到无油垢、无脏物,"漆见本色铁见光"。如机器人有电池,则要注意充电周期与充电时长,避免长时间不充电,以及充电不足或过充现象。

3）会检查

会检查与机器人工作精度有关的检验项目,并能进行适当调整。会检查安全防护和保险装置,防止意外。

4）会排故

能通过机器人工作时不正常的声音、温度和运转情况等,发现机器人设备的异常状态,并能判定异常状态的部位和原因,及时采取措施排除故障。

3. "五纪律"

（1）凭证使用机器人设备,遵守安全使用规程;

（2）保持机器人设备清洁,并按规定润滑;

（3）遵守机器人设备的交接班制度；

（4）管好工具、附件，不得遗失；

（5）发现异常，立即停止机器人动作，及时排故或上报。

学习任务 2　机器人组件维护与保养

【任务描述】

本任务主要学习机器人组件的维护与保养，机器人组件主要包括机器人电源部分、机械部件和电气部件。

【任务实施】

1. 电源维护与保养

1）机器人 ZKRT - 300 电池介绍

机器人 ZKRT - 300 由 2 块 12V 铅酸蓄电池供电，电池为韩国 UNION 公司产品，型号为 MX12020，额定容量为 2AH，额定电压为 12V，外形尺寸为 178mm × 34mm × 65mm，重量为 0.88kg。机器人工作时，2 块 12V 蓄电池串联，主控制板、传感器信号处理板和电机驱动板由单块蓄电池供电，供电额定电压 12V；而机器人上所有电机（包含上肢机构 DJ1 - DJ4 和左右行走电机，共 6 个）由双块蓄电池供电，供电额定电压 24V。

2）机器人 ZKRT - 300 充电器说明

机器人 ZKRT - 300 的充电器是专为该型号机器人设计的，输入电压范围 AC100 ~ 240V，输出 DC13.8V，1500mA，充电器输出两端为鳄鱼夹，红线接电瓶正极，黑线接电瓶负极，充电时为蓝色灯亮，充满后转为红色灯亮。充电器带全保护功能，即有短路、过载、过流、反接保护。

3）电源维护与保养

（1）正确使用充电器。充电器虽然有保护功能，但充电时切勿正负反接，注意充电时长，如需用电压表检测，则此款充电器必须接上电瓶后数据才有效。图 5 - 1 为充电器正常给电池充电，注意正反和指示灯。

图 5 - 1　充电器正确充电

（2）避免充电不足、过充及过放电。如果铅酸电池长期处于充电不足状态,负极就会逐渐形成一种粗大坚硬的硫酸铅,它几乎不溶解,用常规方法很难使其转化为活性物质,从而减少了电池容量,甚至成为电池寿命终止的原因。蓄电池在长期过充电状态下,正极因析氧反应,水被消耗,氢离子浓度增加,导致正极附近酸度增加,板栅腐蚀加速,使电池容量降低,从而影响电池寿命。蓄电池长时间为负载供电,当蓄电池被过度放电到终止电压或更低时,导致电池内部有大量的硫酸铅被吸附到蓄电池的阴极表面,在阴极上形成的硫酸铅越多,蓄电池的内阻越大,蓄电池的充放电性能越差,使用寿命就越短。一次深度的过放电可能会使电池的使用寿命减少 1～2 年,甚至造成电池的报废。

（3）温度要适宜。温度对蓄电池使用寿命的影响很大,温度的升高,将加速电池板栅的腐蚀和增加电池中水分的损失,从而使电池寿命大大缩短。一般情况下,温度每升高 10℃,电池使用寿命将减少 50%,温度越高影响越大。在通信设备用阀控密封铅酸蓄电池行业标准 YD/T799 - 2002 中规定,高温加速浮充寿命试验是以环境温度 55℃ 下 42 天的一个充放电试验折合一年的正常使用寿命。由此可见高温对电池寿命的影响,蓄电池的最佳使用温度为 20～25℃。

（4）注意使用环境。蓄电池使用时应远离热源和易产生火花的地方,最好在清洁的环境中使用,电池室应通风良好,无太阳照射。

（5）日常维护。个别维护人员往往受蓄电池冠以"免维护"名称的影响,错误地认为阀控式电池无须维护,从而对其不闻不问。其实蓄电池的变化是一个渐进的过程,为保证电池的良好状态,做好运行记录是相当重要的。每月应检查的项目如下:单体和电池组浮充电压;电池的外壳有无变形、膨胀、渗液;极柱、安全阀周围是否有渗液和酸雾溢出;连接条是否拧紧等。

（6）容量测试。12V 电池应每年进行一次容量测试放电,放出额定容量的 80%。详细记录放电过程中各单体电压和电池组总电压,进行分析,及时更换容量较差的单体电池。

（7）机器人长期不使用时,请务必将电池组充满电,并关闭所有电源开关。

2. 机械部件维护与保养

1）运动部件润滑

机器人上所有运动部件之间要充分润滑,运动原理不同还需注意采用不同的润滑方式,如滑块与平移直线导轨、升降导杆(光杆)与直线轴承间采用润滑油,丝杠、轴承采用油脂等。另外,在润滑时为保证润滑油分布均匀,以及去除颗粒状微尘的考虑,安装时可将润滑油先倒在手掌,然后用手指均匀涂抹,以防擦伤。

2）弹性配件防失效

弹性挡圈、缓冲弹簧因长期、反复受力,在失效前要及时更换。另外机器人 ZKRT - 300 车轮为增加摩擦力采用了 O 形圈,安装时注意不要将 O 形圈扭曲,当使用一段时间后目测 O 形圈上裂纹增多、深度加深则需及时更换。

3）连接件日常检查

机器人 ZKRT - 300 零部件连接以螺栓为主,由于机器人长期工作,或反复振动,连接件需日常检查,以防松动,甚至掉落。

4) 同步带保养

机器人 ZKRT - 300 水平部件中有平移同步带,底盘部件车轮采用同步带传动,同步带在工作时要检查张紧是否合适,过紧会造成能量耗损过多、运动不到位等现象,过松则会出现手爪反弹、车轮打滑现象。机器人长时间不用时,应卸下机器人同步带,以增加皮带寿命。

5) 保持 V 形夹紧块对中性

机器人 ZKRT - 300 工作时靠手爪 V 形块来夹持圆柱形工件,要时刻保持 V 形夹紧块的对中性,才能防止夹歪、夹偏,甚至夹不住现象。

3. 电气部件维护与保养

1) 电机维护与保养

机器人 ZKRT - 300 全身共有 6 个直流电机,4 个上肢机构功能电机(DJ1 - DJ4)和 2 个左右行走电机,维护保养需注意:

(1) 密封。6 个直流电机内均含减速齿轮,这些齿轮小而精密,要注意密封,防止灰尘等杂质进入电机内部,打坏齿轮或增加阻尼。

(2) 正确连接。6 个直流电机正反转均有对应的功能,切勿接反。

(3) 散热。电机工作时散热要通畅,环境温度要适宜,20~25℃为最佳工作温度。

(4) 保持干燥。

(5) 手动注意速度。手动推动机器人 ZKRT - 300 时,必须关闭所有电源开关,推动速度不宜过快,以免电机反相电动势过大损坏驱动器。

(6) 及时停止。一旦电机出现不正常现象(如过载、过热、振动、噪声异常),须立刻断电停电机,检查状况。

2) 传感器维护与保养

机器人 ZKRT - 300 全身共有 10 个红外传感器(S01~S10)和 8 路循迹传感器两个大类,维护保养需注意:

(1) 传感器出线保护。传感器出线(电源线、地线、信号线)端,切勿过度弯曲或扭曲变形,在实际安装、使用过程中,接近 80% 的传感器故障都出自出线端内部线头断裂,而折弯、扭曲是主要原因。

(2) 探测距离恰当。红外传感器一般情况下,有一个最佳工作点,只有工作在最佳工作点时,效果才最明显。

(3) 防止受压。尤其是 8 路光学循迹传感器,因其安装在机器人底盘前部下方,搬运过程中注意不得重压循迹传感器。

(4) 切勿过载。

(5) 注意防潮、防振、防腐。

3) 线路板与导线维护与保养

机器人 ZKRT - 300 有 3 块控制电路板,分别是主控制板、传感器信号处理板和电机驱动板。线路板上都是电子元器件,平时要防潮、防振,轻拿轻放,工作时注意电压、电流,不可过载,否则会烧芯片。线路板上插座接插插头时,要控制受力,防止底部焊盘掉落。机器人上电气连接导线要注意绝缘,经常检查,防止破皮、破损,运动部件处导线注意有无卡死,发现意外及时断电。

学习任务3　机器人维护与修理

【任务描述】

本任务主要学习机器人设备如何维护,包括日常维护和定期维护,以及机器人设备常见故障及处理方法。

【任务实施】

1. 日常检查

机器人的日常检查是一项由操作人员和维修人员每天执行的例行维护工作中的一项主要工作,其目的是及时发现机器人运动的不正常情况,并予以排除。检查手段主要是利用人的感官、简单的工具或设备上仪表和信号标志,如电压表、内六角扳手、游标卡尺等检测仪表和机器人本身的工作警示灯、线路板上指示灯等。

日常点检是日常检查的一种好方法。所谓点检是指,为了维护机器人规定的机能,按照标准要求(通常是利用点检卡)对机器人的某些指定部位,通过人的感觉器官(目视、手触、问诊、听声、嗅诊)和检查仪器,进行有无异状的检查,使各部分的不正常现象能够及早发现。点检的作用如下:

(1)能早期发现机器人的隐患和劣化程度,以便采取有效措施及时加以消除,避免因突发故障而影响工作,增加维修费用,缩短机器人寿命,影响安全卫生。

(2)可以减少重复故障出现频率,提高开动率。

(3)可以使操作人员交接班内容具体化、格式化,易于执行。

(4)可以对单台机器人设备的运转情况积累资料,便于分析、摸索维修规律。

因此点检是一项非常重要的工作,它是机器人管理、维护的重要基础工作,是编制维修计划的重要依据。表5-1为机器人 ZKRT-300 的维护点检表。

表 5-1　机器人 ZKRT-300 点检卡

设备编号_____型号_____

序号	点检内容	1	2	3	…	30	31
1	检查蓄电池总电压是否正常(24V±2V)						
2	检查蓄电池单块电池电压是否正常(12V±1.5V)						
3	检查运动部件有无卡阻现象						
4	检查运动部件润滑是否到位						
5	检查零部件有无生锈						
6	检查导线有无破损现象						
7	检查端子排接线是否紧固						
8	检查同步带张紧是否合适						
9	检查弹性零部件有无失效						
10	检查上电后各信号指示灯是否正常						
11	检查机器人动作时有无异响						
12	检查机器人底部导线有无缠绕						
备注							

点检工作一经推行,就应严格执行。操作人员通过感观进行点检后,应按日、按规定符号认真做好记录。维修人员根据标志符号对有问题的项目及时进行处理。凡是设备有异状而操作人员没有点检出来的,由操作人员负责;已点检出来的,维修人员没有及时采取措施解决问题的,由维修人员负责。

为避免点检工作流于形式,使点检和填写点检卡这一工作能够持久、认真的进行,必须注意以下几点:

(1) 在实践中发现毫无意义的项目,以及很长时间内(如6~12月)一次问题也没有发生过的项目,应从点检卡中删除(涉及安全及保险装置的除外)。

(2) 经常出现异常而又未列入点检项目的部位应加入点检项目中。

(3) 判断标准不确切的项目,应重新修订。

(4) 作业能力不合格的操作人员,不应勉强其承担点检任务。

(5) 维修人员要实行巡回检查制度,点检结果发现有异常情况后应及时解决,不可置之不理,不能解决的,也应说明原因,并向上级报告。

(6) 点检记录手续不要太烦琐,要力求简便。

2. 定期检查

定期检查是以维修人员为主,操作人员参加,定期对设备进行的检查,其目的是发现并记录设备的隐患、异常、损坏及磨损情况。记录的内容,作为设备档案资料,需要进行分析处理,以便确定修理的部位、更换的零部件、修理的类别和时间,安排修理。

定期检查是一种有计划的预防性检查,检查间隔期一般在一个月以上。检查的手段除用人的感官外,主要是用检查工具和测试仪器,按定期检查卡上的要求逐条执行。在检查过程中,凡能通过调整予以排除的缺陷,应边检查边排除,并配合进行清除污垢及清洗换油。因此在生产实际中,定期检查往往与定期维护结合进行。若定期检查或日常检查发现有紧急问题,可口头及时向设备管理部门反映,然后补办手续,以便尽快安排修理。

机器人定期维护(定期保养)是在维修人员辅导配合下,由操作人员进行的定期维修作业,按设备管理部门的计划执行。机器人定期维护的主要内容有如下几个方面。

1) 每月维护

(1) 机器人 ZKRT-300 关键机械部件,防锈处理;

(2) 检查、清洁或更换电气连接导线;

(3) 检查全部按钮和指示灯是否正常;

(4) 检查全部传感器是否正常;

(5) 检查全部直流电机有无卡阻、不畅;

(6) 全面查看安全防护设施是否完整牢固。

2) 每季维护

(1) 拆卸机器人零部件,润滑与防锈处理;

(2) 检查所有单块蓄电池,及时替换性能下降过快或不合格电池;

(3) 检查所有线路板与端子排焊盘是否牢固;

(4) 检查所有弹性零部件有无失效,及时更换;

（5）检查机械传动间隙是否合适，及时调整。

3）每半年维护

（1）检查机器人润滑油（或油脂）油品；

（2）拆卸机器人零部件，逐个检查磨损量，尤其是铝件螺纹内孔，有不合格的及时更换；

（3）检查并调整机器人传动丝杠负荷，清洗丝杠并涂新油；

（4）检查、调整机器人坦克链，视情况更换某些节段；

（5）清洁机器人控制线路板，替换松动插座。

3. 常见故障及处理

机器人 ZKRT –300 常见故障分为机械和电气两部分，其现象、产生原因及解决方法如表 5 –2、表 5 –3 所示。

表 5 –2 机械部分常见故障与处理

现象	原因	处理
车轮不动	螺钉松动，卡住带轮	拧紧车轮同步带轮处螺钉
工件夹歪	V 形块对中性不合格	松 V 形块螺钉，调整对中性
手爪反弹	水平同步带装配过松	水平同步带张紧
升降导杆有划痕	直线轴承内滚珠掉落	更换直线轴承
工件抓放有冲击	上肢与底盘垂直度没保证	定位调试，调整下固定块位置
拨盘与槽轮有啸叫	间隙调得过紧，没有润滑	加油，并调整回转间隙
螺栓拧不紧	零件内螺纹破坏	更换零件或重新攻螺纹
车轮打滑	O 形圈弹性失效或裂纹过多	更换 O 形圈，注意有无扭曲
平移直线导轨生锈	环境潮湿或未润滑	去锈，加注润滑油
运动时手爪夹紧工件掉落	缓冲弹簧失效	更换缓冲弹簧

表 5 –3 电气部分常见故障与处理

现象	原因	处理
电机不运行	接触不良	更换排线，检查电机插头和焊点
电机不能反转	接触不良，驱动三极管损坏	更换排线、驱动三极管
发光管不亮	发光管烧毁	更换白发红高亮发光管
循线传感信号过强、过弱	传感器安装位置过高、过低	调节传感器高度（调节垫片）
循线指示灯常亮	没有输入信号	检查输入信号
循线指示灯常灭	接触不良	检查焊点
动作不连续，时断时续	接触不良	插座松动，端子排处螺钉未拧紧
工作警示灯常亮	电容烧毁	更换电容
某路传感器不工作	接触不良，导线破皮，传感器损坏	检查导线，更换传感器
控制电路板电源指示灯不亮	电路板不得电	检查电源芯片，更换烧毁件

5.4 项目评价

项目评价见表 5 - 4。

表 5 - 4 项目评价表

项目名称		项目 2 机器人 ZKRT - 300 的维护			
评价方式	评价模块	评价内容		分值	得分
自评 40%	学习能力	逐一对照项目知识目标,根据实际掌握情况打分		10	
	动手能力	逐一对照项目技能目标,根据实际掌握情况打分		10	
	协作能力	在分组任务学习过程中,自己的团队协作能力		5	
	完成情况	学习任务 1 完成程度		5	
		学习任务 2 完成程度		5	
		学习任务 3 完成程度		5	
组评 30%	组内贡献	组内测评个人在小组任务学习过程中的贡献值		10	
	团队协作	组内测评个人在小组任务学习过程中的协作程度		10	
	技能掌握	对照项目技能目标,组内测评个人掌握程度		10	
师评 30%	学习态度	个人在项目学习过程中,参与的积极性		10	
	知识构建	个人在项目学习过程中,知识、技能掌握情况		10	
	创新能力	个人在项目学习过程中,表现出的创新思维、动作、语言等		10	
学生姓名		小组编号		总分	100

5.5 项目总结

通过本项目的学习,学生可以熟练掌握以下内容:

(1)机器人的维护原则。

(2)机器人组件(包括电源、机械、电气部件)的维护与保养方法及注意事项。

(3)机器人的日常检查与定期检查,会填点检卡。

(4)分析机器人 ZKRT - 300 的常见故障,并能及时处理。

5.6 项目拓展

5.6.1 如何制定点检卡

1)点检内容选择

点检内容一般以选择对机器人生产产量、质量、成本以及对设备维修费用和安全环保这五个方面会造成较大影响的部位为点检项目较为适宜。具体可包括机器人下列部位。

（1）影响人身或设备安全的保护、保险装置。

（2）直接影响产品质量的部位。

（3）在工作过程中需要经常调整的部位。

（4）易被堵塞、污染的部位。

（5）易磨损、损坏的零部件。

（6）易老化、变质的零部件。

（7）需经常清洗和更换的零部件。

（8）应力集中或特大的零部件。

（9）经常出现故障现象的部位。

（10）工作参数、状态的指示装置。

2）点检卡制定流程

（1）制定点检标准文件。由设备技术人员根据机器人设备设计说明书、使用说明书、有关的技术资料、同类设备情报资料和以往经验制定完成。

（2）协商研究。由机器人设备维修人员、设计制造人员以及机器人实际操作人员共同协商研究。

（3）编制点检卡。

（4）点检人员培训。

（5）点检。

制订点检卡时，要注意不宜选择难度大或需要花费较长时间的内容作为点检项目。同时，项目的判断标准要简单、确切，便于操作人员掌握。

5.6.2 修理类别

修理是指为保证机器人正常、安全的工作，以相同的新零部件取代旧零部件或对旧零部件进行加工、修配的操作，这些操作不应改变机器人工作性能。通常将修理划分为3种，即大修、中修和小修。

1）大修

机器人大修主要是根据机器人上基准零部件已经到磨损极限，电子元器件性能已严重下降，且大多数易损件也用到规定时间，机器人工作性能已全面下降而确定。大修时需将机器人全部拆卸，修理基准件，修复或更换所有磨损或已经到期的零部件，重新调校，恢复工作精度及其他各项技术性能，漆件还需重新油漆。

2）中修

中修与大修不同，不涉及基准零件的修理，主要修复或更换已磨损或已到期的零件，重新调校，恢复工作精度及各项技术性能，只需局部拆卸，并在现场进行。

3）小修

小修的主要内容是更换易损零件，排除故障，调整精度，可能发生局部不太复杂的拆卸工作，在现场工作，以保证机器人及时有效的正常运行。

5.7 项目巩固

5.7.1 选择题

1. 电烙铁短时间不使用时,应____。

A 给烙铁头加少量锡   B 关闭电烙铁电源

C 不用对烙铁进行处理   D 用松香清洗干净

2. 没有特殊要求的元件插件时,普通元件底面与板面允许的最大间距为____。

A 1.5mm   B 2.5mm   C 3.5mm   D 1mm

3. 用烙铁进行焊接时,速度要快,一般焊接时间应不超过____。

A 1s   B 3s   C 5s   D 2s

4. 为了延长机器人电池的使用寿命,下列____是正确的?

A 不过度充放电   B 长期储存时,必须先充满电

C 选择合适容量的充电器   D 以上都正确

5. 在 ZKRT-300 机器人 2 节电池串联的情况下,使用配套的 12V 充电器进行充电,会出现____情况?

A 电池充电正常   B 电池损坏   C 充电器损坏   D 以上都有可能

6. ZKRT-300 机器人电源开关的正确顺序为____。

A 开关电源时,都是先 12V,再 24V

B 开关电源时,都是先 24V,再 12V

C 电源打开时,先开 12V,再开 24V,关闭时,先关 24V,再关 12V

D 电源打开时,先开 24V,再开 12V,关闭时,先关 12V,再关 24V

7. 带传动的主要失效形式是带的____。

A 疲劳拉断和打滑   B 磨损和胶合

C 胶合和打滑   D 磨损和疲劳点蚀

8. ZKRT-300 机器人的传感器信号处理板断开循线传感器的前提下通电,会发现____。

A 电路板上只有一个 LED 亮   B 电路板上所有 LED 都亮

C 电路板上所有 LED 都不亮   D 电路板上 4 个 LED 亮

9. ZKRT-300 机器人的循线传感器光源发射部分使用了____器件。

A 红外发光管   B 白发蓝 LED   C 白发红 LED   D 红色 LED

10. 向机器人下载程序失败,可能的原因是____。

A 单片机损坏或接触不良

B RS232 损坏或接触不良

C 按钮面板与主控制板之间的连接排线存在断线

D 以上都有可能

5.7.2　判断题

1. (　　　)锂电池与铅酸电池相比,在同等容量下,重量轻得多。

2. (　　　)使用电解电容时,需要注意电源的正负极。

3. (　　　)LM324 的电源电压不能超过 5V。

4. (　　　)当机器人装配完毕,通电前,必须先仔细检查线路板电源端的正负极是否准确。

5. (　　　)机器人在装配完成通电前,一定要先检查各电路板的正负极是否准确。

6. (　　　)在调节机器人传感器信号处理板的电位器前,一定要先测量电池电压,确定电池容量充足。

7. (　　　)ZKRT – 300 使用的接近传感器电源电压是 12V。

8. (　　　)渐开线的形状取决于基圆直径大小。

9. (　　　)用展成法加工齿轮时,当齿数过少时,轮齿的顶部将被切除。

10. (　　　)在蜗杆传动中,可以用蜗轮来带动蜗杆。

5.7.3　思考题

1. 试简述机器人维护原则。

2. 机器人需要维护的组件有哪些?

3. 机器人 ZKRT – 300 供电方式如何? 电源部分如何维护与保养?

4. 机器人机械部件如何维护与保养?

5. 机器人 ZKRT – 300 直流电机供电电压是多少? 如何维护与保养?

6. 机器人 ZKRT – 300 传感器如何维护与保养?

7. 如何对机器人进行日常检查?

8. 简述机器人定期检查间隔时间与内容。

9. 机器人 ZKRT – 300 机械部分常见故障有哪些,如何处理?

10. 试独立对机器人 ZKRT – 300 进行日常检查,并正确填写点检卡。

附录 1   2012 年辽宁省职业院校技能大赛
机器人技术应用赛项规程

1.1   竞赛名称

机器人技术应用

1.2   赛项指导思想

机器人项目方案将紧紧围绕大赛指导思想——适应国家产业结构调整与社会发展需要,展示知识经济时代人才培养的特点。赛项综合了自动化、机械、计算机等专业技术,与机器人应用与推广需要有相应的使用和维护维修人才的需求相吻合,体现了制造业的全面升级提高,进而为提高我国机器人应用水平作贡献。通过机器人大赛,可以为职业教育工作者和学生提供一个体现创新、展示能力、交流经验、竞技角逐的大平台;同时也为专业教学改革、校企合作提供一个良好的契机。

1.3   竞赛目的

设计本方案的目的,寄希望于通过技能大赛,加快工学结合人才培养和课程改革与创新的步伐,探索培养企业需要的机器人使用、维护维修的高素质技能型人才新途径、新方法。

本方案以机器人技术为背景,通过仓储运输等工业化现场模拟为载体,提炼竞赛内容;按照技术应用要求和安装调试(反映动手能力和基本技能要求)的实际过程编排竞赛过程;检阅参赛队组织管理、团队协作、工作效率、质量与成本控制、安全意识等职业素养;引导职业学校关注行业在"机器人技术应用"方面的发展趋势及新技术的应用;物化竞赛结果,提高竞赛成绩评定的客观性,增强观赏性和扩大宣传效应。

促进智能机器人技术(机器人设备安装、调试、维护、使用)的普及。

1.4   竞赛方式

本项目为团队比赛,每个中职学校选派 1~2 支代表队,每个参赛队由 3 名选手(设场上队长 1 名)和 1~2 名指导教师组成。

1.5   比赛内容与规则

1. 比赛场地

比赛场地如附图 1 - 1 所示。

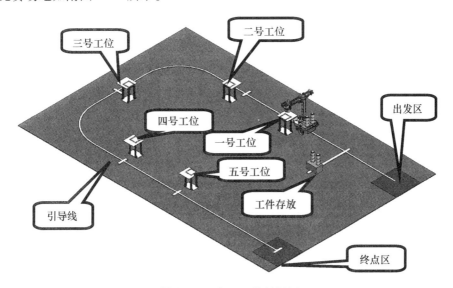

附图 1 - 1   场地立体效果图

本场地模拟了一个自动装配线的布局。

（1）尺寸：大小为 4m × 6m。其中外围挡板高 10cm，材质为木工板。

（2）工位：共有 5 个，比赛开始后，机器人将在工位上摆放指定数量工件。

（3）出发区：机器人正式启动前所停泊的区域。

（4）工件存放区：比赛开始时，工件存放区叠加放置了 8 个工件。

（5）工件：使用尼龙材料，8 个工件。

比赛场地的具体布局，每个工位上需要放置的工件数量都是随机的，在大赛开始时，现场公布。

所有比赛道具的图纸会另行发布，各参赛学校可以根据图纸自行制作，也可以向大赛合作企业购买。

2. 比赛机器人

大赛的机器人设备采用北京中科远洋科技有限公司的 ZKRT - 300 型机器人综合实训平台，每个参赛队必须使用指定的机器人平台，否则不得参加比赛。

正式比赛所用的机器人设备必须以零件方式由各个参赛队带到比赛现场。

3. 比赛使用工具

（1）内六角扳手 1 套；

（2）孔用卡簧钳 1 把、轴用卡簧钳 1 把；

（3）6" 活络扳手 1 把；

（4）尖嘴钳 2 把；

（5）十字螺丝刀 2 把；

（6）一字螺丝刀 1 把；

（7）小锤子 1 把；

（8）平口钳（80mm）1 台；

（9）$\phi25$、$\phi34$ 铜棒各 1 根；

（10）润滑油枪 1 把；

（11）剥线钳 1 把；

（12）压线钳 1 把；

（13）万用表 1 只；

（14）电铬铁 1 把。

1.6 比赛任务

参赛队的比赛包括 2 个阶段：

1. 机器人的装配阶段

参赛队员在规定的时间内在现场从零件开始组装机器人，并进行现场编程。

（1）按照机械装配图组装机器人设备。

主要装配任务是：

A. 行走轮组件装配；

B. 槽轮回转机构装配；

C. 丝杠升降机构装配；

D. 同步带平移机构装配；

E. 双曲线槽轮手爪机构装配；

F. 总装。

（2）按照电路图连接机器人电路。

主要装配任务是：

A. 电机线走线；

B. 传感器安装、走线；

C. 电路板走线；

D. 压线端子、穿线号；

E. 接线；

F. 电缆拖链安装。

（3）根据赛前公布的场地布置图和具体任务编写机器人工作程序，并进行调试。

（4）本阶段比赛时间为 5 小时。

2. 机器人的运行阶段

此阶段，机器人在比赛场地上完成任务。

（1）让机器人从出发区启动运行。

（2）机器人沿白色引导线前进，运行至工件存放区抓取工件。

（3）沿白色引导线继续运行至第一个指定工位，向工位上摆放指定数量工件。

（4）机器人继续运行至下一个指定工位摆放指定数量工件。

（5）依此类推，直到指定工位上都有相应数量工件摆放。

（6）机器人继续运行至终点区停止，任务完成。

（7）本阶段比赛时间为 12 分钟。

（8）机器人在出发区放置完毕后，操作机器人的队员必须立即退出赛地，站在木质围栏外。

（9）一旦机器人启动，参赛队员不得接触机器人。

（10）当运行时，机器人发生故障时，参赛队可以向裁判申请"重试"机器人，"重试"的申请被裁判允许后，参赛队员必须把机器人搬回到机器人启动区，并尽快启动。

（11）"重试"时，机器人的任何部件均不能更换，机器人的能源也不能补充或增加，机器人已经抓取的工件可以继续放在机器人上。

（12）在每个工位上摆放的工件数量在赛前公布。

1.7 评分方法

根据工作组在规定的时间内完成工作任务的情况，结合维修电工国家职业标准高级工的技能要求进行评分，满分为 100 分。参赛队的成绩由运行任务分（占总分 32%）、功能实现分（占总分 38%）、装配工艺分（占总分 20%）和职业与安全意识分（占总分 10%）组成。

1. 运行任务分(32 分)

机器人需要按照任务要求在工位上摆放 8 个工件，安放准确的每个工件得 4 分，总计 32 分。

2. 功能实现分(38 分)

装配完成的机器人具备了下列几种功能，可获得相应得分：

（1）机械手实现回转功能，得 6 分。

测试方法：机械手先逆时针旋转 180°，停止 5s，再顺时针旋转 180°后停止。

（2）机械手实现上升、下降功能，各得 4 分。

测试方法：上升：机械手从最低位上升，分别在 4 个位置处停止 5s，直至最高位停止。

下降：机械手从最高位下降，分别在 4 个位置处停止 5s，直至最低位停止。

（3）机械手实现平移功能，得 6 分。

测试方法：机械手从最前端开始向后移动，直至最后端停止 5s，再反向运动，直至最前端停止。

（4）机械手实现夹紧、松开功能，各得 3 分。

测试方法：机械手夹紧一个工件后持续 5s，再松开。

（5）机器人底盘实现前进、后退、左转、右转功能，各得 3 分。

测试方法：机器人以恒定速度前进 5s，停止 3s，再以同样速度后退 5s，停止 3s，左转 90°，停止 3s，右转 90°后停止。

3. 装配工艺分(20分)

设备组装与调试的工艺步骤合理,方法正确,测量工具的使用符合规范;电路与气路连接、布线符合工艺要求、安全要求和技术要求,整齐、美观、可靠。

4. 职业与安全意识分(10分)

完成工作任务的所有操作符合安全操作规程;工具摆放、包装物品、导线线头等的处理,符合职业岗位的要求和相关行业标准;遵守赛场纪律,尊重赛场工作人员,爱护赛场设备和器材,保持工位整洁。

5. 违规扣分

选手有下列情形,需从比赛成绩中扣分:

(1)在完成工作任务的过程中,因操作不当破坏赛场提供的设备,视情节扣 5~10 分;

(2)出现污染赛场环境,工具遗忘在赛场等不符合职业规范的行为,视情节扣 5~10 分。

比赛成绩按照总得分从高到底排列,最后决出一、二、三等奖。

1.8 成绩评定方式

比赛成绩按照总得分从高到底排列,若总得分相同,则按照完成任务的时间,用时少的队伍排名在前,最后决出一、二、三等奖。

此次竞赛设一等奖(10%);二等奖(20%);三等奖(30%)。

1.9 比赛时间

省选拔赛初步安排在 4 月 20 日左右举行。

1.10 申诉与仲裁

1. 申诉

(1)参赛队对不符合竞赛规定的设备、工具、软件,有失公正的评判、奖励,以及对工作人员的违规行为等,均可提出申诉。

(2)申诉应在竞赛结束后 2 小时内提出,超过时效将不予受理。申诉时,应按照规定的程序由参赛队领队向裁判组递交书面申诉报告。报告应对申诉事件的现象、发生的时间、涉及到的人员、申诉依据与理由等进行充分、实事求是的叙述。事实依据不充分、仅凭主观臆断的申诉将不予受理。申诉报告须有申诉的参赛选手、领队签名。

(3)赛项裁判组收到申诉报告后,应根据申诉事由进行审查,6 小时内书面通知申诉方,告知申诉处理结果。如受理申诉,要通知申诉方举办听证会的时间和地点;如不受理申诉,要说明理由。

(4)申诉人不得无故拒不接受处理结果,不允许采取过激行为刁难、攻击工作人员,否则视为放弃申诉。申诉人不满意赛项裁判组的处理结果的,可向大赛仲裁工作组提出复议申请。

2. 仲裁

（1）赛项设仲裁工作组,负责受理大赛中出现的申诉复议并进行仲裁,以保证竞赛的顺利进行和竞赛结果公平、公正。

（2）仲裁工作组的裁决为最终裁决,参赛队不得因对仲裁处理意见不服而停止比赛或滋事,否则按弃权处理。

1.12　备注

本规则解释权归机器人项目专家组。

附录 2　2012 年江苏省职业院校技能大赛机器人技术应用赛项样题

2.1　试题

1. 根据机械装配图组装机器人机械部分,根据电路连接图连接机器人电路。

2. 装配完成后,向裁判展示功能:

(1) 机械手逆时针回转 180°、停顿 5s、顺时针回转 180°。

(2) 机械手平移至最前端、停顿 5s、平移至最后端。

(3) 机械手夹紧、停顿 5s、放松。

(4) 机械手从最低位开始上升至位置 1 停顿 5s、上升至位置 2 停顿 5s、上升至位置 3 停顿 5s、上升至最高位停顿 5s;从最高位开始下降至位置 3 停顿 5s、下降至位置 2 停顿 5s、下降至位置 1 停顿 5s、下降至最低位停顿 5s。

(5) 机器人底盘恒速前进 8s、停 2s、同速后退 5s、停 4s、左转 180°、停 3s、右转 90°、停止。

3. 编写机器人运行程序,在下图所示场地上按顺序完成比赛任务:

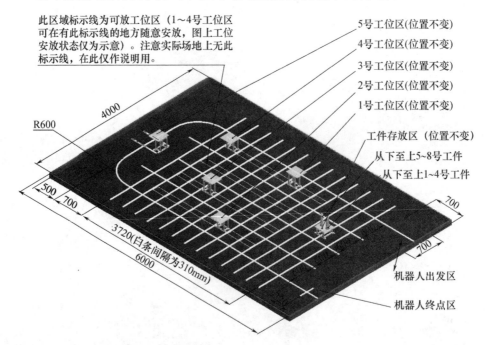

(1) 让机器人从出发区启动运行。

(2) 机器人沿白色引导线前进,运行至工件存放区抓取 8 个工件。

(3) 机器人在 2 号工位上摆放 1 号和 8 号工件,若叠放,要求 1 号叠放在 8 号上面;

在 4 号工位上摆放 7 号工件；在 1 号工位上摆放 2 号、5 号工件，若叠放，要求 5 号叠放在 2 号上面；在 5 号工位上摆放 6 号工件；在 3 号工位上摆放 3 号、4 号工件，若叠放，要求 4 号叠放在 3 号上面。

（4）机器人继续运行至终点区停止，任务完成。

4. 向裁判组上交程序源代码。

2.2　评分标准

1. 装配工艺分（15 分）

（1）零件表面无锈迹、油污、毛刺、损伤的现象——1 分；

（2）零件堆放整齐规范，场地整洁，布局合理——1 分；

（3）装配文件齐全、装配工艺文件制定规范——1 分；

（4）严格执行操作安全规程——1 分；

（5）按照装配工艺文件要求进行装配——1 分；

（6）过盈配合面、滑动部件表面装配加润滑油——1 分；

（7）轴承准确定位，装配工艺正确——1 分；

（8）带轮装配方法正确，同步带松紧合适——1 分；

（9）装配流程合理——1 分；

（10）装配过程中无损伤零件——1 分；

（11）装配后外形美观整洁，排线整齐——1 分；

（12）机械零件连接紧固、正确，电气接线符合要求——1 分；

（13）运动部件运转灵活，无卡阻、爬行现象；运动过程中，电线不与其他零件发生碰擦——1 分；

（14）调试过程中无失控现象，没有碰撞、过载或其他损伤机械零件的行为，电气零件无烧坏现象——2 分。

2. 职业与安全意识（5 分）

（1）符合安全操作规程——2 分；

（2）遵守纪律，尊重工作人员——2 分；

（3）爱护赛场器材，保持清洁——1 分。

3. 运行任务分（38 分）

机器人需要按照任务要求在指定的工位上摆放 8 个工件，每一个工位上需要放置指定编号的工件，正确放置的工件 4 分/个；在一个工位上放置 2 个工件时，可以并排放置，也可以堆叠放置，若实现堆叠，则上部工件得 6 分。

4. 功能实现分（22 分）

（1）机械手实现回转功能，得 3 分；

（2）机械手实现上升、下降功能，各得 4 分；

（3）机械手实现平移功能，得 3 分；

（4）机械手实现夹紧、松开功能，各得 2 分；

（5）机器人底盘实现前进、后退、左转、右转功能,各得 1 分。

5. 装配时间分(10 分)

将所有参赛队的装配完成时间,按照从小到大顺序排列,再以 10% 间隔分成第 1 ~ 第 10 个区间,第 1 区间的参赛队得 10 分,第 2 区间的参赛队得 9 分,依此类推。

6. 任务运行分(10 分)

将所有参赛队的任务运行完成时间,按照从小到大顺序排列,再以 10% 间隔分成第 1 ~ 第 10 个区间,第 1 区间的参赛队得 10 分,第 2 区间的参赛队得 9 分,依此类推。

附录3 2012年全国职业院校技能大赛机器人技术应用赛项任务样题

3.1 样题

1. 根据机械装配图组装机器人机械部分,根据电路连接图连接机器人电路。

2. 装配完成后,向裁判展示功能:

(1) 机械手逆时针回转180°、停顿5s、顺时针回转180°。

(2) 机械手平移至最前端、停顿5s、平移至最后端。

(3) 机械手夹紧、停顿5s、放松。

(4) 机械手从最低位开始上升至位置1停顿5s、上升至位置2停顿5s、上升至位置3停顿5s、上升至最高位停顿5s;从最高位开始下降至位置3停顿5s、下降至位置2停顿5s、下降至位置1停顿5s、下降至最低位停顿5s。

(5) 机器人底盘恒速前进8s、停2s、同速后退5s、停4s、左转180°、停3s、右转90°、停止。

3. 编写机器人运行程序,在下图所示场地上按顺序完成比赛任务:

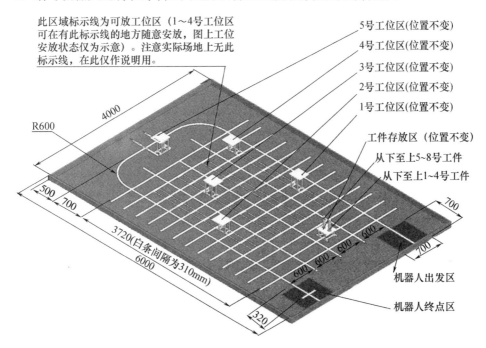

(1) 让机器人从出发区启动运行。

(2) 机器人沿白色引导线前进,运行至工件存放区抓取8个工件。

（3）机器人在 2 号工位上摆放 1 号和 8 号工件；在 4 号工位上摆放 5 号工件；在 1 号工位上摆放 2 号、7 号工件。

（4）完成第 3 步后，在 5 号工位上摆放 3 号工件；在 3 号工位上摆放 6 号、4 号工件。

（5）完成第 4 步后，机器人运行到 4 号工位停止 10s。

（6）机器人重新抓取 4 号工位的 5 号工件，放置到 5 号工位。

（7）机器人回到终点区停止，任务完成。

4. 向裁判组上交程序源代码。

注：此比赛样题仅供参赛队训练时参考，不代表正式比赛时的试题形式与之完全相同。

3.2 运行任务分评分标准（总分 38 分）

1. 完成第 3 步，而且放置准确，则叠放在上部的 2 个工件，每个得 5 分（没有实现叠放，则得 3 分）；其余 3 个工件每个得 3 分，总分：19 分。

2. 完成第 4 步，而且放置准确，则叠放在上部的 1 个工件，得 6 分（没有实现叠放，则得 4 分）；其余 2 个工件每个得 4 分，总分：14 分。

3. 完成第 5 步，得 1 分。

4. 完成第 6 步，得 4 分。

5. 其余项目的评分标准见大赛规程。

附录4　2012年全国职业院校技能大赛中职组机器人技术应用赛项规程

4.1　竞赛名称

机器人技术应用

4.2　竞赛目的

通过技能大赛促进工学结合人才培养和课程改革与创新的步伐,探索培养企业需要的机器人使用、维护的高素质技能型人才新途径、新方法。

本方案以机器人技术为背景,通过仓储运输等工业化现场模拟为载体,提炼竞赛内容;按照技术应用要求和安装调试(反映动手能力和基本技能要求)的实际过程编排竞赛过程;检阅参赛队组织管理、团队协作、工作效率、质量与成本控制、安全意识等职业素养;引导职业学校关注行业在"机器人技术应用"方面的发展趋势及新技术的应用;物化竞赛结果,提高竞赛成绩评定的客观性,增强观赏性和扩大宣传效应。

促进智能机器人技术(机器人设备安装、调试、维护、使用)的普及。

4.3　竞赛方式与内容

(一)竞赛方式

本项目为团队比赛,每个省、自治区、直辖市、新疆生产建设兵团、单列市选派4支代表队,每个参赛队由3名选手(设场上队长1名)和2名指导教师组成。

参赛队组成专业类型包括:信息技术、电子信息技术、加工制造专业类(含计算机、电子技术、自动控制、机电、微电子技术、电子电气应用、电力应用、光伏发电技术应用、计算机技术应用)等。

(二)竞赛内容

1.比赛场地

比赛场地如附图4-1、附图4-2所示。

本场地模拟了一个自动装配线的布局。

(1)尺寸:大小为4m×6m。其中外围挡板高10cm,材质为木工板。

(2)工位区:共有5个,比赛开始后,机器人将在指定工位上摆放指定数量工件,工位区编号从1~5,其中5号工位区位置不变,1~4号工位区位置、方向可变,附图4-1中区域标示线标注的是1~4号工位在场地上可能摆放的位置。

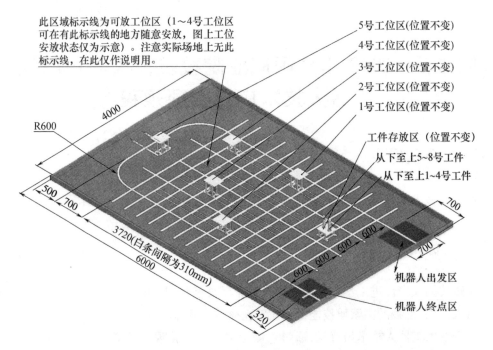

此区域标示线为可放工位区（1～4号工位区可在有此标示线的地方随意安放，图上工位安放状态仅为示意）。注意实际场地上无此标示线，在此仅作说明用。

5号工位区(位置不变)
4号工位区(位置不变)
3号工位区(位置不变)
2号工位区(位置不变)
1号工位区(位置不变)
工件存放区（位置不变）
从下至上5~8号工件
从下至上1~4号工件
机器人出发区
机器人终点区

附图4-1　场地立体效果图

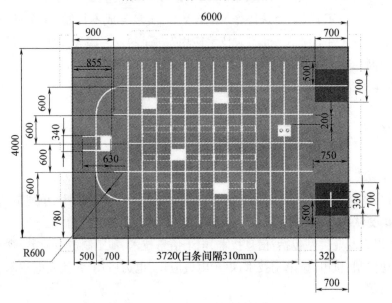

附图4-2　场地平面效果图

（3）出发区:机器人正式启动前所停泊的区域。

（4）工件:使用尼龙材料,8个工件,工件编号从1号～8号。

（5）工件存放区:比赛开始时,工件存放区叠加放置了8个工件,共分2列,一列工件1至工件4从下到上依次叠放,另一列工件5至工件8从下到上依次叠放(如附图4-1所示)。

比赛场地上工位的位置、工位的朝向、每个工位上需要放置的工件数量、工件编号都是随机的,在大赛开始时,现场公布。

（6）终点区：机器人结束全部任务后所停泊的区域。

所有比赛道具的图纸请见附件，各参赛学校可以根据图纸自行制作，也可以向大赛合作企业购买。

2. 比赛机器人

大赛的机器人设备采用北京中科远洋科技有限公司的 **ZKRT－300** 型机器人综合实训平台，每个参赛队必须使用指定的机器人平台，否则不得参加比赛。

正式比赛所用的机器人设备必须以零件方式由各个参赛队带到比赛现场。

3. 比赛使用工具和量具

比赛使用工具和量具自带，下面所列工具仅作参考：

（1）内六角扳手 1 套；

（2）孔用卡簧钳 1 把、轴用卡簧钳 1 把；

（3）6" 活络扳手 1 把；

（4）尖嘴钳 2 把；

（5）十字螺丝刀 2 把；

（6）一字螺丝刀 1 把；

（7）小锤子 1 把；

（8）平口钳（80mm）1 台；

（9）$\Phi25$、$\Phi34$ 铜棒各 1 根；

（10）润滑油枪 1 把；

（11）剥线钳 1 把；

（12）压线钳 1 把；

（13）万用表 1 只；

（14）电铬铁 1 把；

（15）呆扳手 1 套；

（16）工位器具和工装；

（17）其他辅助工具和材料。

禁止使用汽油、煤油、柴油或其他易燃物品作为清洗剂。

4.4　竞赛规则

（一）任务要求

参赛队的比赛包括 3 个阶段。

1. 机器人的装配阶段

参赛队员在规定的时间内在安装工位从零件开始组装机器人，并进行现场编程。

（1）按照机械装配图组装机器人设备。

主要装配任务是：

① 行走轮组件装配；

② 槽轮回转机构装配；

③ 丝杠升降机构装配;

④ 同步带平移机构装配;

⑤ 双曲线槽轮手爪机构装配;

⑥ 总装。

(2) 按照电路图连接机器人电路。

主要装配任务是:

① 电机线走线;

② 传感器安装、走线;

③ 电路板走线;

④ 压线端子、穿线号;

⑤ 接线;

⑥ 电缆拖链安装。

机器人的部分电路连接线在比赛时将由参赛队利用现场提供的导线重新接线(包括确定线长、压线端子、穿线号)。

(3) 根据赛前公布的场地布置图和具体任务编写机器人工作程序,并进行调试。

(4) 参赛队机器人装配完成后,就可以向裁判申请进行功能测试,功能测试完毕,裁判将记录装配时间,之后,参赛队不允许再进行任何装配工作。

(5) 本阶段比赛时间为 4 小时,参赛队可以提前向裁判提请装配结束,并进行功能测试。

2. 机器人试运行阶段

(1) 此阶段由裁判安排到比赛场地上调试机器人运行程序。

(2) 本阶段时间为 30 分钟。

(3) 本阶段,参赛队不允许再进行任何装配工作,若机器人发生故障,经裁判允许,可以进行修理。

(4) 运行程序调试完毕,就可以向裁判申请进行任务运行测试。

3. 机器人运行阶段

此阶段,机器人在比赛场地上完成任务。

(1) 让机器人从出发区启动运行。

(2) 机器人沿白色引导线前进,运行至工件存放区抓取工件。

(3) 沿白色引导线继续运行至第一个指定工位,向工位上摆放指定编号的工件。

(4) 机器人继续运行至下一个指定工位摆放指定编号工件。

(5) 依此类推,直到指定工位上都有相应工件摆放。

(6) 机器人在每个工位上需要摆放的工件编号在赛前公布。

(7) 机器人继续运行直至任务完成后回到终点区停止,裁判记录最终得分和完成时间。

(8) 本阶段比赛时间为 30 分钟。

(9) 机器人在出发区放置完毕后,操作机器人的队员必须立即退出比赛场地,站在木质围栏外。

（10）一旦机器人启动,参赛队员不得接触机器人。

（11）当运行时,机器人发生故障,参赛队可以向裁判申请"重试"机器人,"重试"的申请被裁判允许后,参赛队员必须把机器人搬回到机器人启动区,并尽快启动。

（12）"重试"时,机器人的任何部件均不能更换,机器人的能源也不能补充或增加,工件状态可保持不变,也可将工件全部恢复至比赛开始状态。

4.5　评分方式与奖项设定

（一）评分方式

根据参赛队在规定的时间内完成工作任务的情况,结合维修电工国家职业标准高级工的技能要求进行评分,满分为 100 分。参赛队的成绩由运行任务分（占总分 38%）、运行任务时间分（占总分 10%）、功能实现分（占总分 22%）、装配时间分（占总分 10%）、装配工艺分（占总分 15%）和职业与安全意识分（占总分 5%）组成。

1. 运行任务分（38 分）

机器人需要按照任务要求在指定的工位上摆放 8 个工件,每一个工位上需要放置指定编号的工件,正确放置的工件 4 分/个;在一个工位上放置 2 个工件时,可以并排放置,也可以堆叠放置,若实现堆叠,则上部工件得 6 分。

2. 功能实现分（22 分）

装配完成的机器人具备了下列几种功能,可获得相应得分:

（1）机械手实现回转功能,得 3 分。

测试方法:机械手先逆时针旋转 180°,停止 5s,再顺时针旋转 180°后停止。

（2）机械手实现上升、下降功能,各得 4 分。

测试方法:

① 上升:机械手从最低位上升,分别在 4 个位置处停止 5s,直至最高位停止。

② 下降:机械手从最高位下降,分别在 4 个位置处停止 5s,直至最低位停止。

（3）机械手实现平移功能,得 3 分。

测试方法:机械手从最前端开始向后移动,直至最后端停止 5s,再反向运动,直至最前端停止。

（4）机械手实现夹紧、松开功能,各得 2 分。

测试方法:机械手夹紧一个工件后持续 5s,再松开到位。

（5）机器人底盘实现前进、后退、左转、右转功能,各得 1 分。

测试方法:机器人以恒定速度前进 5s,停止 3s,再以同样速度后退 5s,停止 3s,左转 90°,停止 3s,右转 90°后停止。

3. 装配时间分（10 分）

将所有参赛队的装配完成时间,按照从小到大顺序排列,再以 10% 间隔分成第 1 至第 10 个区间,第 1 区间的参赛队得 10 分,第 2 区间的参赛队得 9 分,依此类推。

4. 任务运行时间分（10 分）

将所有参赛队的任务运行完成时间,按照从小到大顺序排列,再以 10% 间隔分成第 1

至第 10 个区间,第 1 区间的参赛队得 10 分,第 2 区间的参赛队得 9 分,依此类推。

5. 装配工艺分(15 分)

设备组装与调试的工艺步骤合理,方法正确,测量工具的使用符合规范;电路与气路连接、布线符合工艺要求、安全要求和技术要求,整齐、美观、可靠。

主要从以下几个指标考核:

(1) 零件表面无锈迹、油污、毛刺、损伤的现象;

(2) 零件堆放整齐规范,场地整洁,布局合理;

(3) 装配文件齐全、装配工艺文件制定规范;

(4) 严格执行操作安全规程;

(5) 按照装配工艺文件要求进行装配;

(6) 过盈配合面、滑动部件表面装配加润滑油;

(7) 轴承准确定位,装配工艺正确;

(8) 带轮装配方法正确,同步带松紧合适;

(9) 装配流程合理;

(10) 装配过程中无损伤零件;

(11) 装配后外形美观整洁,排线整齐;

(12) 机械零件连接紧固、正确,电气接线符合要求;

(13) 运动部件运转灵活,无卡阻、爬行现象;运动过程中,电线不与其他零件发生碰擦;

(14) 调试过程中无失控现象,没有碰撞、过载或其他损伤机械零件的行为,电气零件无烧坏现象。

6. 职业与安全意识分(5 分)

完成工作任务的所有操作符合安全操作规程;工具摆放、包装物品、导线线头等的处理,符合职业岗位的要求和相关行业标准;遵守赛场纪律,尊重赛场工作人员,爱护赛场设备和器材,保持工位整洁。

7. 违规扣分

选手有下列情形,需从比赛成绩中扣分:

(1) 在完成工作任务的过程中,因操作不当破坏赛场提供的设备,视情节扣 5 ~ 10 分;

(2) 出现污染赛场环境,工具遗忘在赛场等不符合职业规范的行为,视情节扣 3 ~ 6 分。

(3) 在机器人装配结束功能测试完成后,若更换零件,则视情节扣 2 ~ 10 分。

8. 成绩评定方式

比赛成绩按照总得分从高到底排列,若总得分相同,则按照完成运行任务的得分排名,得分高的队伍排名在前;若得分相同,则按照完成运行任务的时间排名,用时少的队伍排名在前;若用时相同,则由裁判组综合评定。

(二) 奖项设定

竞赛设参赛选手团体奖,一等奖占比 10%,二等奖占比 20%,三等奖占比 30%。

获得一等奖的参赛队指导教师由组委会颁发优秀指导教师证书。

4.6　申诉与仲裁

（一）申诉

1. 参赛队对不符合竞赛规定的设备、工具、软件，有失公正的评判、奖励，以及对工作人员的违规行为等，均可提出申诉。

2. 申诉应在竞赛结束后2小时内提出，超过时效将不予受理。申诉时，应按照规定的程序由参赛队领队向相应赛项仲裁工作组递交书面申诉报告。报告应对申诉事件的现象、发生的时间、涉及到的人员、申诉依据与理由等进行充分、实事求是的叙述。事实依据不充分、仅凭主观臆断的申诉将不予受理。申诉报告须有申诉的参赛选手、领队签名。

3. 赛项仲裁工作组收到申诉报告后，应根据申诉事由进行审查，6小时内书面通知申诉方，告知申诉处理结果。如受理申诉，要通知申诉方举办听证会的时间和地点；如不受理申诉，要说明理由。

4. 申诉人不得无故拒不接受处理结果，不允许采取过激行为刁难、攻击工作人员，否则视为放弃申诉。申诉人不满意赛项仲裁工作组的处理结果的，可向大赛赛区仲裁委员会提出复议申请。

（二）仲裁

大赛采用两级仲裁机制。赛项设仲裁工作组，赛区设仲裁委员会。赛项仲裁工作组接受由代表队领队提出的对裁判结果的申诉。大赛执委会办公室选派人员参加赛区仲裁委员会工作。赛项仲裁工作组在接到申诉后的2小时内组织复议，并及时反馈复议结果。申诉方对复议结果仍有异议，可由省（市）领队向赛区仲裁委员会提出申诉。赛区仲裁委员会的仲裁结果为最终结果。

4.7　备注

本规则解释权归机器人项目专家组。

4.8　赛场环境

（一）比赛用场馆

比赛场馆分为正式场地和准备场地。

1. 正式比赛场地

比赛场馆需要大约$1600 \sim 2000m^2$空间，需要提供足够的灯光设备。同时还包括以下部分：

（1）$4m \times 6m$的正式比赛场地4个。

（2）大屏幕计时装置，用于倒计时。

2. 比赛准备场地

主要用于参赛队机器人的准备、维修、调试场地。每个参赛队拥有一个大约 $9m^2$ 的安装工位，内部配有电源 5 孔插座 1 个，参赛队标牌。

（二）比赛场地及道具

1. 场地示意图（附图 4 - 1、附图 4 - 2）

2. 比赛场地规格

比赛在长方形场地（6000mm×4000mm）上进行，场地四周有木质围栏（高 100mm，厚 30mm）。

比赛场地的地板是 20mm 厚的木板，表层为深绿色贴面板（刷乳胶漆）。

3. 比赛道具

（1）工位存放区：叠加放置了 8 个工件。

（2）出发区：机器人正式启动前所停泊的区域，上铺设蓝色贴纸。

（3）终点区：机器人任务完成后所停泊的区域，上铺设蓝色贴纸。

（4）工位区：共有 5 个，比赛开始后，机器人将在工位区上摆放指定编号的工件。

（5）工件：使用尼龙，8 个工件，工件编号从 1 号 ~ 8 号。

4.9　竞赛设备技术平台

（一）竞赛机器人

竞赛机器人采用北京中科远洋科技有限公司的 ZKRT - 300 型机器人综合实训平台。

机器人综合实训平台是面向中职和高职院校的机器人实训室所开发的机器人实训平台，可以针对中高职院校的机电、自动化、机器人、电子信息等专业提供综合性实训教学。包括一台自动堆垛式载运机器人，以及用于进一步扩展的电机、机械臂、输送机构、夹紧机构，光电、超声、红外等传感器，扩展控制电路，实训用教材等。

该机器人由控制电路、各种传感器、运动底盘、回转部件、平移部件、升降部件、夹紧部件等组成。

机械部件中涵盖了工业上常用的丝杠传动机构、槽轮机构、同步带机构、凸轮机构以及矩形线性滚动导轨、圆柱导杆式线性滚动导轨等，工业化、精密化设计。

底盘由表面氧化处理铝板加工而成，是安装其他工作部件的平台。底盘下方安装有循线传感器用于感知地上所贴的白色引导条信息，在控制电路控制下可以沿着白条循线前进，并通过对十字交叉点的计数掌握机器人在场地上的具体位置，实现全场定位。底盘采用后轮驱动的 3 轮式车体，行走性能较好，控制方便灵活。两个后轮由两个直流减速电机通过同步带机构实现差速驱动，可方便地控制机器人的行驶路径，并且转弯半径小，转向灵活。循线传感器装在前轮附近，保证机器人良好的循线性能。

回转部件由 90°槽轮机构实现，每次动作回转 90°，可连续回转两次实现 180°回转。槽轮机构可实现高精度回转定位。

前后平移部件采用同步带传动方式，线性滚动导轨组件导向，运动速度高、噪声低、行程长。

升降部件由直流电机、丝杠螺母和线性流动导轨组件等组成,利用接近开关实现多个位置的控制。

平行夹紧机构采用双曲线槽凸轮机构,保证夹紧机构有良好的适应性和对中性能,夹紧可靠方便。

(二)比赛用器材

1. 6m×4m的比赛场地:数量4。

2. 工件存放区:采用铝合金型材,具体尺寸见附件,数量1。

3. 工位区:采用铝合金型材,具体尺寸见附件,数量5。

4. 工件:采用尼龙,数量8。

5. 测试仪器:台式计算机、优利德万用表、优利德示波器(含频率计)。

6. 精密电子秤1台:最大称重100kg,精确到小数点后2位。

4.10 参赛队须知

1. 参赛队选手在报名获得确认后,原则上不再更换,如筹备过程中,选手因故不能参赛,所在学校需出具书面说明并按相关参赛选手资格补充人员并接受审核;竞赛开始后,参赛队不得更换参赛选手,允许队员缺席比赛。

2. 参赛队自带计算机、竞赛机器人(以散件方式)、设备附件和工具等,但不能使用存在不安全因素的工具;大赛统一提供每队一路电源,提供一定数量计算机和仪器设备作为参赛队应急使用。

3. 参赛队使用的所有机器人部件及所用工具随身携带、使用货运卡车或者托运方式运到承办校。

4. 参赛队在报到时将机器人和配件以散件方式运到比赛安装工位,并接受裁判检查。

5. 各参赛队在正式比赛期间,禁止使用通信工具,准时进场、准时离场,不得无故拖延。

6. 参赛队携带机器人到达比赛场地后,必须服从工作人员指挥。

7. 参赛队对大赛组委会发布的所有文件都要仔细阅读,确切了解大赛时间安排、评判细节等,以保证顺利参加大赛。

8. 对于本规则没有规定的行为,裁判组有权做出裁决。在有争议的情况下,裁判的裁决是最终裁决,任何媒体资料都不做参考。

9. 对规则的任何修改将由组委会以"常见问题FAQ"的形式发布。

10. 竞赛所用的平台统一由赛项组委会及主办方提供,不得使用非指定平台,如有违反,以舞弊论处,取消该队参赛资格。

11. 本规程中未说明的道具重量和尺寸的允许误差均为±5%。

12. 本竞赛项目的解释权归大赛组委会。

4.11　指导教师须知

1. 每个参赛队可配主、副指导教师各一名，指导教师经报名、审核后确定，一经确定不得更换。允许指导教师缺席比赛。

2. 在正式比赛阶段，不允许指导教师上场指导，禁止使用通信工具。准时进场、准时离场，不得无故拖延。

4.12　竞赛选手须知

1. 参赛选手应严格遵守赛场规章、操作规程和工艺准则，保证人身及设备安全，接受裁判员的监督和警示，文明竞赛。

2. 选手凭证入场，在赛场内操作期间要始终佩带参赛凭证以备检查。

3. 上场比赛期间，选手禁止携带、使用通信工具。

4. 竞赛过程中，因严重操作失误或安全事故不能进行比赛的（例如因所设计的电路板发生短路导致机器人起火的），现场裁判员有权中止该队比赛。

5. 比赛阶段，参赛选手在安装工位内活动，不得影响其他参赛队的工作，不得进入其他参赛队的工作区域，违者取消参赛队比赛资格。

6. 参赛选手在安装工位内组装、调试机器人时，不能破坏准备场地内的任何器材和地面，否则取消参赛队比赛资格。

7. 在参赛期间，选手应当注意保持工作环境及设备摆放符合企业生产"5S"的原则。

4.13　赛场管理须知

1. 竞赛现场设现场裁判组，负责监督检查参赛队安全有序竞赛。如遇疑问或争议，须请示裁判长，裁判长的决定为现场最终裁定。

2. 裁判工作实行回避制度。有组队参加竞赛的院校，其教师不得参加裁判工作。

3. 参赛队进入赛场，裁判员及赛场工作人员应按规定审查允许带入赛场的物品，经审查后如发现不允许带入赛场的物品，交由参赛队随行人员保管，赛场不提供保管服务。

4.14　赛场纪律

符合下列情形之一的参赛队，经裁判组裁定后取消其比赛资格：

1. 不服从裁判、工作人员，扰乱赛场秩序，干扰其他参赛队比赛情况，裁判组应提出警告。累计警告 2 次，或情节特别严重，造成竞赛中止的，经裁判长裁定后，中止比赛，并取消参赛资格和竞赛成绩。

2. 竞赛过程中，产生重大安全事故或有产生重大安全事故隐患，经裁判员提示无效的，裁判员可停止其比赛，并取消参赛资格和竞赛成绩。

附件：

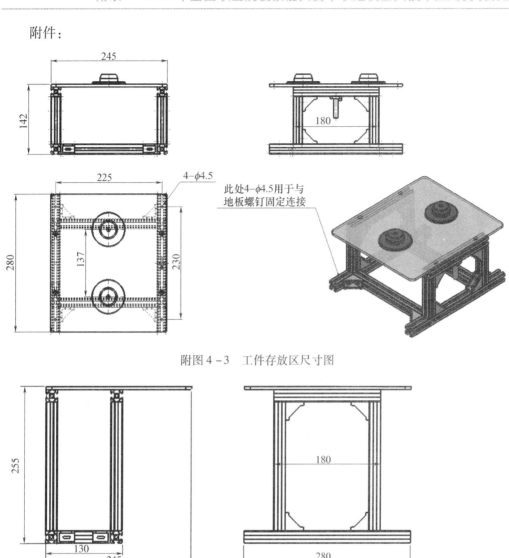

附图4-3　工件存放区尺寸图

附图4-4　工位区尺寸图

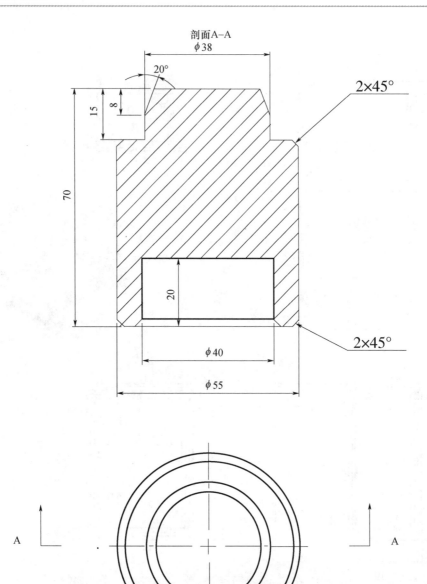

附图 4-5   工件尺寸图

参 考 文 献

［1］　北京中科远洋科技有限公司．ZKRT－300 机器人技术说明书［M/CD］,2012.

［2］　韩建海．工业机器人［M］. 武汉:华中科技大学出版社,2009.

［3］　熊有伦．机器人技术基础［M］. 武汉:华中科技大学出版社,2011.

［4］　吴振彪,王正家．工业机器人(第二版)［M］. 武汉:华中科技大学出版社,2006.

［5］　王为青,程国钢．单片机 Keil Cx51 应用开发技术［M］. 北京:人民邮电出版社,2007.

［6］　张义和．例说51 单片机(C 语言版)(第 3 版)［M］. 北京:人民邮电出版社,2010.